Mathématiques et Applications

Volume 86

Cédric Villani, IHP, Paris, France

Enrique Zuazua, Department of Mathematics, Friedrich-Alexander-Universität, Erlangen-Nürnberg, Germany

Le but de cette collection, créée par la Société de Mathématiques Appliquées et Industrielles (SMAI), est d'éditer des cours avancés de Master et d'école doctorale ou de dernière année d'école d'ingénieurs. Les lecteurs concernés sont donc des étudiants, mais également des chercheurs et ingénieurs qui veulent s'initier aux méthodes et aux résultats des mathématiques appliquées. Certains ouvrages auront ainsi une vocation purement pédagogique alors que d'autres pourront constituer des textes de référence. La principale source des manuscrits réside dans les très nombreux cours qui sont enseignés en France, compte tenu de la variété des diplômes de fin d'études ou des options de mathématiques appliquées dans les écoles d'ingénieurs. Mais ce n'est pas l'unique source: certains textes pourront avoir une autre origine.

This series was founded by the "Société de Mathématiques Appliquées et Industrielles" (SMAI) with the purpose of publishing graduate-level textbooks in applied mathematics. It is mainly addressed to graduate students, but researchers and engineers will often find here advanced introductions to current research and to recent results in various branches of applied mathematics. The books arise, in the main, from the numerous graduate courses given in French universities and engineering schools ("grandes écoles d'ingénieurs"). While some are simple textbooks, others can also serve as references.

More information about this series at http://www.springer.com/series/2966

Georges-Henri Cottet · Emmanuel Maitre ·
Thomas Milcent

Méthodes Level Set pour l'interaction fluide-structure

 Springer

Georges-Henri Cottet
Laboratoire Jean Kuntzmann
Université Grenoble Alpes, CNRS,
Grenoble-INP*
Grenoble, France

Emmanuel Maitre
Laboratoire Jean Kuntzmann
Université Grenoble Alpes, CNRS,
Grenoble-INP*
Grenoble, France

Thomas Milcent
Institut de Mécanique de Bordeaux
Arts et Métiers, Université Bordeaux, CNRS
Bordeaux, France

ISSN 1154-483X   ISSN 2198-3275   (electronic)
Mathématiques et Applications
ISBN 978-3-030-70074-4   ISBN 978-3-030-70075-1   (eBook)
https://doi.org/10.1007/978-3-030-70075-1

Mathematics Subject Classification: 35Q30, 65M22, 74F10, 76D05

This Springer imprint is published by the registered company Springer Nature Switzerland AG
The registered company address is: Gewerbestrasse 11, 6330 Cham, Switzerland

Avant-propos

Les problèmes d'interaction fluide-structure interviennent dans de nombreux domaines de l'ingénierie : mécanique des structures immergées, aéroélasticité, biomécanique, effets de lubrification dans des écoulements de conduite, transports de particules, transport de sédiments, érosion des littoraux ... D'un point de vue mathématique et numérique ces problèmes représentent un réel défi dans la mesure où les fluides et les solides sont naturellement décrits par des modèles de nature différente, eulérienne pour les fluides et lagrangienne pour les solides, qui nécessitent des méthodes de discrétisation adaptées à ces modèles. Les méthodes traditionnelles pour traiter ces problèmes, dites ALE (pour Arbitrary Lagrangian Eulerian), sont calquées sur ces différentes modélisations. Elles utilisent une discrétisation eulérienne des fluides et une discrétisation lagrangienne des solides, avec des maillages adaptés et des conditions de couplage appropriées pour traduire la continuité des vitesses et des efforts aux interfaces.

Dans les quinze dernières années sont apparues des alternatives à ces méthodes basées sur des modélisations eulériennes des deux types de milieux. Fluides et solides sont considérés comme un seul système avec des lois de comportement qui varient en espace et en temps. L'intérêt de ces méthodes est la possibilité qu'elles offrent d'utiliser un seul modèle numérique et un seul maillage pour l'ensemble du système, avec l'inconvénient de donner une description moins fine de l'interface et des conditions que l'on impose sur celle-ci.

Les méthodes de frontières immergées (IBM, pour Immersed Boundary Methods), proposées par Peskin dès 1972, peuvent être vues comme une classe de méthodes intermédiaires entre les deux approches évoquées plus haut. Les solides sont immergés dans le fluide sans qu'il soit nécessaire d'appuyer un maillage du fluide sur ces solides, mais il sont suivis de manière lagrangienne à l'aide de marqueurs advectés par le fluide.

Pour une revue assez complète de ces différentes méthodes on se référera au livre récent de T. Richter [119] pour les méthodes ALE et Eulériennes, et à l'article de revue [93] pour les méthodes de frontière immergée.

L'objet du présent livre est de décrire des modélisations eulériennes de l'interaction fluide-structure s'appuyant sur des fonctions Level Set. Les méthodes Level Set sont bien connues depuis les ouvrages de Sethian [125] et Osher [111] pour le traitement d'images et le calcul d'écoulements multi-phasiques. Plus récemment, elles ont été aussi utilisées dans le contexte de l'optimisation de forme [4]. Ces méthodes permettent le suivi implicite d'interfaces lagrangiennes (avec des champs d'advection physiques pour les écoulements multiphasiques ou virtuels pour le traitement d'images ou l'optimisation de forme) par résolution d'équations aux dérivées partielles de transport.

Depuis une dizaine d'années, un certain nombre de travaux, notamment par les auteurs de cet ouvrage, permettent de les utiliser pour modéliser les forces résultant de déformations de solides élastiques ou pour traiter des contacts entre objets et permettre de faire des calculs d'interaction fluide-structure dans un cadre eulérien. Ce livre reprend ces différents travaux. Son objectif est de décrire les modèles et non pas les méthodes de discrétisation numérique, sauf pour ce qui concerne les discrétisations en temps explicite ou implicite qui impactent la stabilité des modèles. De fait, un des intérêts des méthodes eulériennes est qu'elles permettent d'utiliser des méthodes conventionnelles en dynamique des fluides (différences finies, volumes finis ..) sans faire intervenir de questions spécifiques au couplage avec les structures solides. Dans cet ouvrage, les techniques de discrétisation spatiale utilisées ne sont évoquées que brièvement pour décrire les illustrations numériques.

Le plan du livre est le suivant. Dans le chapitre 1 nous faisons des rappels sur les techniques de capture ou de suivi d'interface. Nous montrons notamment comment utiliser des fonctions Level Set pour traduire de manière volumique des forces surfaciques, ce qui est évidemment un point central dans ces méthodes, et nous précisons comment ces méthodes permettent en dimension deux et trois de rendre compte des courbures. Nous développons les exemples de méthodes Level Set évoqués précédemment en traitement d'image et pour les écoulements multiphasiques, et nous abordons les questions de stabilité en méthodes Level Set dans l'exemple du traitement des termes de tension superficielle, questions qui seront reprises dans le chapitre 3. Le chapitre 2 complète les rappels du chapitre 1 par des notions de calcul différentiel sur les trajectoires dans les descriptions lagrangiennes et eulériennes. Les lois de conservation dans ces descriptions sont aussi rappelées.

Le chapitre 3 traite du premier exemple d'interaction fluide-structure, celui d'une membrane élastique immergé dans un fluide incompressible, d'abord dans le cas d'une membrane réagissant à la variation d'aire puis dans le cas général d'une membrane réagissant aussi au cisaillement. Il évoque aussi le cas des courbes élastiques immergées dans un espace de dimension 3.

Ce chapitre contient enfin un exemple de code écrit en FreeFEM++ pour permettre au lecteur d'expérimenter lui-même ces méthodes. Le chapitre 4 généralise l'approche Level Set aux corps élastiques quelconques, avec une distinction entre les cas de milieux fluide-structure complètement compressibles ou incompressibles.

Le chapitre 5 traite le cas de solides rigides, ou déformables sous l'action de forces extérieures prescrites. Dans ces cas l'interaction fluide-structure est traitée par méthode de pénalisation. Le chapitre 6 s'intéresse au traitement par méthodes Level Set des contacts entre objets, que ces objets soient élastiques ou rigides. Nous décrivons en particulier un algorithme rapide pour le traitement de contacts multiples. Enfin une annexe détaille certains éléments techniques de calcul différentiel, donne la démonstration de certains résultats utilisés dans le livre et des éléments sur les méthodes classiques de différences finies pour la résolution des équations de transport.

Les chapitres 3 à 6 sont largement indépendants les uns des autres. Les chapitres 2 et 4 contiennent les éléments de mécanique des milieux continus (solides et fluides) nécessaires à la compréhension de l'ouvrage de manière à le rendre accessible à des étudiants de Master en analyse numérique.

Pour compléter cet ouvrage, un site internet [1] regroupe diverses ressources documentent les méthodes qui y sont exposées, tels que des codes de mise en oeuvre dans des cas simples ou des animations graphiques.

Pour terminer cette introduction, un point sur la terminologie. Bien que des termes comme *Ensembles de niveau*, voire *Surfaces Implicites*, auraient pu convenir, nous utilisons tout au long de ce livre l'anglicisme *Level Set* car c'est le terme qui est couramment utilisé, y compris en langue française. Nous espérons que lectrices et lecteurs ne nous tiendront pas rigueur de cet abus de langage.

---

1. http://level-set.imag.fr

Table des matières

Chapitre 1
Méthodes Level Set et interfaces lagrangiennes

Dans tout ce chapitre on s'intéresse au suivi, dans un fluide donné, d'interfaces : courbes dans $\mathbb{R}^2$ ou surfaces dans $\mathbb{R}^3$. On suppose donc connu un champ de vitesse u de classe C^1. Pour simplifier l'exposé dans ce chapitre on supposera, sauf mention contraire, ce champ défini dans un domaine borné régulier Ω et nul sur le bord $\partial\Omega$, de sorte que Ω est invariant sous l'action du champ de vitesse u. Plus précisément, on fera l'hypothèse suivante :

$$(H) \qquad u \in \mathcal{C}^1(\overline{\Omega} \times [0,T]) \text{ et } u = 0 \text{ sur } \partial\Omega \times [0,T],$$

où $[0,T]$ est un intervalle de temps fixé.

Dans toute la suite de ce livre on notera les dérivées partielles des fonctions de plusieurs variables par un indice de la variable correspondante au pied de l'opérateur ∂, comme dans ∂_t.

Pour $\xi \in \Omega$ et $s \in]0,T]$, on note $\tau \to X(\tau;\xi,s)$ la solution du système différentiel $\partial_\tau X = \partial X/\partial\tau = u(X,\tau)$ muni de la condition initiale $X(s) = \xi$. Lorsqu'il n'y a pas d'ambiguïté sur le temps initial, on notera plus simplement $X(\tau,\xi)$. Pour une revue approfondie de cette notion de trajectoire, on renvoie au chapitre suivant.

1.1 Capture ou suivi d'interfaces

Un moyen naturel de suivre une interface est d'en écrire une paramétrisation qui suit la vitesse u. Une interface lagrangienne, définie au temps t, Γ_t peut être décrite par une paramétrisation

$$\theta \to \gamma(t,\theta)$$

avec

G.-H. Cottet et al., *Méthodes Level Set pour l'interaction fluide-structure*, Mathématiques et Applications 86, https://doi.org/10.1007/978-3-030-70075-1_1

$$\partial_t \gamma = u(\gamma, t)$$

En dimension 2, θ est un nombre réel et en dimension 3, $\theta = (\theta_1, \theta_2)$ est un vecteur de $\mathbb{R}^2$. Les quantités géométriques de ces interfaces sont notamment, en 2D la tangente $\mathbf{t}$ et la normale n :

$$\mathbf{t} = \frac{\partial_\theta \gamma}{|\partial_\theta \gamma|} \,, \qquad n = \mathbf{t}^\perp \tag{1.1}$$

et, en 3D, le vecteur normal

$$n = \frac{\partial_{\theta_1} \gamma \times \partial_{\theta_2} \gamma}{|\partial_{\theta_1} \gamma \times \partial_{\theta_2} \gamma|}$$

et le plan tangent défini par l'orthogonal de cette direction. Ces directions correspondent bien sûr à une orientation de l'interface selon θ en 2D - ou θ_1 et θ_2 en 3D - croissants.

Cette paramétrisation donne aussi accès à l'étirement de l'interface au cours de son déplacement. En 2D l'étirement relatif à la position initiale de la courbe en un point de la courbe de paramètre θ, est donné par

$$\mathcal{S}(t, \theta) = \frac{|\partial_\theta \gamma(t, \theta)|}{|\partial_\theta \gamma(0, \theta)|}$$

En 3D l'étirement surfacique lié à la variation d'aire est donné par

$$\mathcal{S}(t, \theta) = \frac{|\partial_{\theta_1} \gamma(t, \theta) \times \partial_{\theta_2} \gamma(t, \theta)|}{|\partial_{\theta_1} \gamma(0, \theta) \times \partial_{\theta_2} \gamma(0, \theta)|}$$

Ces quantités sont celles qui interviennent dans les intégrales curvilignes ou de surface utilisant la paramétrisation $\gamma(t, \theta)$.

D'un point de vue numérique, le suivi de ces interfaces passe par l'utilisation d'un nombre fini de marqueurs de points matériels $\xi = \gamma(0, \theta)$ qui correspondent à des valeurs discrètes de θ. Ceux-ci sont déplacés par le champ de vitesse à l'instant t en $X(t, \xi) = \gamma(t, \theta)$. La reconstitution d'interfaces régulières à partir de ces marqueurs peut se faire par divers types d'interpolation. Les propriétés géométriques des interfaces peuvent être calculées soit par discrétisation sur les marqueurs des formules ci-dessus, comme illustré sur la figure 1.1, soit en utilisant ces interpolations.

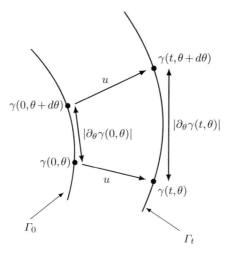

Fig. 1.1: Transport et étirement d'une courbe lagrangienne

Une alternative au suivi lagrangien des interfaces consiste à considérer ces interfaces comme des lignes niveau d'une fonction, que par abus de langage nous appellerons fonction Level Set. La justification de cette description implicite des interfaces lagrangiennes est donnée par le résultat suivant

Proposition 1.1. *Soit φ_0 une fonction continue définie sur Ω et $\Gamma_0 = \{x \in \Omega, \varphi_0(x) = 0\}$. Alors si φ est solution de l'équation de transport*

$$\begin{cases} \partial_t\varphi + u \cdot \nabla\varphi = 0 & \text{sur } \Omega \times \,]0,T], \\ \varphi = \varphi_0 & \text{sur } \Omega \times \{0\} \end{cases} \tag{1.2}$$

on a

$$\partial_t(\varphi(X\,(t;\xi,s),t) = 0 \text{ pour tout } \xi \in \Omega \text{ et } s \in [0,T]. \tag{1.3}$$

$$\Gamma_t = X(t;\Gamma_0,0) = \{x \in \Omega\,,\; \varphi(x,t) = 0\} \text{ pour tout } t \in [0,T]. \tag{1.4}$$

Preuve. L'équation (1.3) découle directement, par dérivation de fonctions composées, de (1.2) et de la définition des caractéristiques. L'équation (1.4) en résulte en prenant $s = 0$ et $\xi \in \Gamma_0$. □

Les méthodes basées sur une description des interfaces lagrangiennes par des fonctions Level Set sont dites des méthodes de *capture* d'interface, par opposition aux méthodes de *suivi* d'interface décrites précédemment.

1.2 Méthodes Level Set et géométrie des surfaces

On développe dans cette section comment les notions de géométrie des courbes et surfaces peuvent être exprimées a partir de fonctions implicites. On montre notamment, en partant de leur définition paramétrique, comment la courbure moyenne et de Gauss s'expriment à l'aide de fonctions Level Set. Commençons par préciser les notions et résultats classiques de régularité des surfaces implicites.

Définition 1.2. On dit qu'une hypersurface $S \subset \mathbb{R}^d$ est de classe $\mathcal{C}^k$ si tout point de S a un voisinage U tel que la portion $S \cap U$ peut être représentée par une équation $x_i = f(x_1, \dots, x_{i-1}, x_{i+1}, \dots, x_d)$, où f est de classe $\mathcal{C}^k$.

La proposition suivante donne la régularité de la ligne de niveau 0 d'une fonction :

Proposition 1.3. *Etant donné Ω un ouvert de $\mathbb{R}^d$, soit $\varphi : \Omega \to \mathbb{R}$, continue sur Ω, et de classe C^k sur un ouvert $U \subset \Omega$. On suppose que $|\nabla\varphi|(x) > 0$ pour tout $x \in U$, et que $S = \{x \in \Omega, \varphi(x) = 0\}$ est non vide et inclus dans U. Alors S est de classe $\mathcal{C}^k$.*

Preuve. On renvoie à la démonstration donnée dans [74], page 355.   □

Proposition 1.4. *Soit $S \subset \mathbb{R}^d$ une hypersurface fermée de classe $\mathcal{C}^k$, $k \geq 2$, et d la distance signée (négative à l'intérieur, par exemple) à S. Alors il existe un voisinage U de S tel que d est dans $\mathcal{C}^k(U)$, vérifie $|\nabla d| = 1$ sur U, et le projeté de $x \in U$ sur S est $P_S(x) = x - d(x)\nabla d(x)$. On a donc pour tout $x \in U$, $d(x - d(x)\nabla d(x)) = 0$.*

Pour ce type de résultat on pourra consulter les publications de Delfour et Zolésio ([47] et références citées) sur la géométrie intrinsèque des surfaces. Intuitivement, la fonction distance à une hypersurface, dans un voisinage de celle-ci, a son gradient en un point dirigé vers son projeté $P_S(x)$ sur S. En se déplaçant dans la direction opposée à ce gradient, par définition de la distance, celle-ci diminue en égale quantité du déplacement, ce qui signifie exactement que sa pente est 1. Elle finit par s'annuler en arrivant sur le projeté qui vaut donc $P_S(x) = x - d(x)\nabla d(x)$, d'où la dernière formule.

Dans toute la suite de ce livre on supposera qu'une fonction Level Set est régulière et de gradient non nul dans un voisinage de sa ligne de niveau 0.

Intéressons nous maintenant au cas particulier d'une surface régulière $S \subset \mathbb{R}^3$. Soit $(\theta_1, \theta_2) \mapsto \gamma(\theta_1, \theta_2) \in \mathbb{R}^3$ une paramétrisation régulière de S. Les vecteurs $\partial_{\theta_1}\gamma$ et $\partial_{\theta_2}\gamma$ définissent une base du plan tangent à la surface. On introduit la première forme fondamentale de terme général

$$g_{ij} = \partial_{\theta_i}\gamma \cdot \partial_{\theta_j}\gamma. \tag{1.5}$$

Cette forme, appelée aussi métrique, permet de calculer des longueurs, angles et aires sur la surface. On introduit également la deuxième forme fondamentale de terme général

$$h_{ij} = \partial^2_{\theta_i\theta_j}\gamma \cdot n \tag{1.6}$$

où

$$n = \frac{\partial_{\theta_1}\gamma \times \partial_{\theta_2}\gamma}{|\partial_{\theta_1}\gamma \times \partial_{\theta_2}\gamma|}$$

est la normale à la surface (orthogonale au plan tangent). Ces deux formes fondamentales sont des matrices 2×2 symétriques. La courbure d'une surface est intuitivement liée à la variation de la normale dans le plan tangent et on peut montrer que la matrice de l'application linéaire associée notée dn s'exprime à l'aide des deux formes fondamentales sous la forme

$$dn = [h_{ij}][g_{ij}]^{-1}. \tag{1.7}$$

Les valeurs propres de cette matrice sont nommées les courbures principales et on a la définition suivante :

Définition 1.5. On définit la courbure moyenne H et la courbure de Gauss G par les formules

$$H = \mathrm{Tr}(dn) \quad , \quad G = \det(dn).$$

La vérification que cette définition ne dépend pas de la parametrisation choisie est laissée au lecteur.

Considérons maintenant une représentation implicite de cette même surface $S \subset \mathbb{R}^3$. On considère une fonction $\varphi : \mathbb{R}^3 \to \mathbb{R}$ régulière et $S = \{x \in \mathbb{R}^3 \,,\, \varphi(x) = 0\}$. Dans l'approche paramétrique, on a accès à la manière dont les points de la surface sont connectés les uns aux autres via la paramétrisation et on a donc une notion de métrique. Il n'y a pas de notion similaire dans l'approche par fonctions implicites car deux points appartenant à la surface sont caractérisés par le fait que la fonction φ s'annule mais on a pas d'information sur leur proximité. Cependant nous verrons que lorsque l'on suit une surface au cours du temps il est possible de calculer ses déformations avec des fonctions implicites. Cette propriété est le point clé de la formulation eulérienne de l'élasticité et sera largement développé dans le chapitre 3. Regardons maintenant quelles quantités géométriques on peut calculer à l'aide d'une représentation implicite de la surface.

Remarquons que le vecteur $\nabla\varphi$ est orthogonal aux lignes de niveaux de φ donc on définit la normale par

$$n(x) = \frac{\nabla\varphi}{|\nabla\varphi|}.$$

La courbure étant définie par la variation de la normale sur la surface, il semble naturel que l'on puisse calculer cette quantité à l'aide des dérivées secondes de la fonction Level Set. Cette affirmation est précisée et démontrée dans la proposition suivante :

Proposition 1.6. *Soit S une surface de $\mathbb{R}^3$ représentée par la ligne de niveau 0 d'une fonction Level Set φ. Les courbures moyenne et de Gauss sont données par les formules*

$$H(x) = \mathrm{Tr}(\nabla_\Gamma n), \qquad G(x) = \mathrm{Tr}(\mathrm{Cof}(\nabla_\Gamma n)),$$

où $\nabla_\Gamma n = [\nabla n][\mathbb{I} - n \otimes n]$ avec $n = \frac{\nabla\varphi}{|\nabla\varphi|}$.

Preuve. Notons que $\nabla_\Gamma n(x)$ est une matrice 3×3 définie pour $x \in \mathbb{R}^3$ avec une valeur propre nulle associée au vecteur propre n et dn est une matrice 2×2. En dérivant l'égalité $\varphi(\gamma(\theta_1, \theta_2)) = 0$ par rapport à θ_i on obtient $\nabla\varphi(\gamma(\theta)) \cdot \partial_{\theta_i}\gamma = 0$. En dérivant cette égalité après avoir divisé par $|\nabla\varphi|$, on obtient

$$\frac{\nabla\varphi}{|\nabla\varphi|}(\gamma(\theta)) \cdot \partial^2_{\theta_j\theta_i}\gamma + \left(\nabla\left(\frac{\nabla\varphi}{|\nabla\varphi|}\right)(\gamma(\theta))\,\partial_{\theta_j}\gamma \right) \cdot \partial_{\theta_i}\gamma = 0.$$

On a donc, d'après la définition (1.6), $h_{ij} = -\left([\nabla n](\gamma(\theta))\,\partial_{\theta_j}\gamma \right) \cdot \partial_{\theta_i}\gamma$. Calculons maintenant l'inverse de la première forme fondamentale (1.5)

$$[g_{ij}]^{-1} = \frac{1}{|\partial_{\theta_1}\gamma \times \partial_{\theta_2}\gamma|^2} \begin{pmatrix} |\partial_{\theta_2}\gamma|^2 & -\partial_{\theta_1}\gamma \cdot \partial_{\theta_2}\gamma \\ -\partial_{\theta_1}\gamma \cdot \partial_{\theta_2}\gamma & |\partial_{\theta_1}\gamma|^2 \end{pmatrix}.$$

Après avoir introduit $\tau_i = \frac{\partial_{\theta_i}\gamma}{|\partial_{\theta_i}\gamma|}$ les vecteurs tangents unitaires associés à la paramétrisation, on obtient en prenant la trace de (1.7)

$$\mathrm{Tr}(dn) = \frac{([\nabla n]\tau_1) \cdot \tau_1 + ([\nabla n]\tau_2) \cdot \tau_2 - (\tau_1 \cdot \tau_2)(([\nabla n]\tau_1) \cdot \tau_2 + ([\nabla n]\tau_2) \cdot \tau_1)}{|\tau_1 \times \tau_2|^2}.$$

En considérant le vecteur $\tilde{\tau}_2 = \frac{\tau_2 - (\tau_1 \cdot \tau_2)\tau_1}{|\tau_1 \times \tau_2|}$ qui vérifie $\tau_1 \cdot \tilde{\tau}_2 = 0$ et $|\tilde{\tau}_2| = 1$ on obtient

$$\mathrm{Tr}(dn) = [\nabla n](\gamma(\theta)) : (\tau_1 \otimes \tau_1 + \tilde{\tau}_2 \otimes \tilde{\tau}_2) = \mathrm{Tr}(\nabla_\Gamma n),$$

car $(\tau_1, \tilde{\tau}_2, n)$ est une base orthonormale de $\mathbb{R}^3$, et donc $\tau_1 \otimes \tau_1 + \tilde{\tau}_2 \otimes \tilde{\tau}_2 = \mathbb{I} - n \otimes n$. Passons maintenant au cas de la courbure de Gauss. On obtient en prenant le determinant de (1.7) que

$$\det(dn) = \frac{([\nabla n]\tau_1)\cdot\tau_1([\nabla n]\tau_2)\cdot\tau_2 - ([\nabla n]\tau_1)\cdot\tau_2([\nabla n]\tau_2)\cdot\tau_1}{|\tau_1 \times \tau_2|^2}.$$

D'autre part

$$2\operatorname{Tr}(\operatorname{Cof}(\nabla_\Gamma n)) = \operatorname{Tr}(\nabla n(\tau_1 \otimes \tau_1 + \tilde{\tau}_2 \otimes \tilde{\tau}_2))^2$$
$$- \operatorname{Tr}(\nabla n(\tau_1 \otimes \tau_1 + \tilde{\tau}_2 \otimes \tilde{\tau}_2)\nabla n(\tau_1 \otimes \tau_1 + \tilde{\tau}_2 \otimes \tilde{\tau}_2)). \quad (1.8)$$

Il reste à utiliser la propriété $\operatorname{Tr}(A(b \otimes b)A(c \otimes c)) = (Ab)\cdot c \; (Ac)\cdot b$ pour obtenir après calculs élémentaires le résultat souhaité. □

La proposition suivante permet de simplifier les formules précédentes

Proposition 1.7. *Soit S une surface représentée par la ligne de niveau 0 d'une fonction Level Set φ. On a*

$$H(x) = \operatorname{Tr}(\nabla n) = \operatorname{div}\left(\frac{\nabla\varphi}{|\nabla\varphi|}\right), \quad (1.9)$$

$$G(x) = \operatorname{Tr}(\operatorname{Cof}(\nabla n)) = \frac{1}{2}(\operatorname{Tr}(\nabla n)^2 - \operatorname{Tr}([\nabla n]^2)). \quad (1.10)$$

Preuve. En dérivant la relation $n \cdot n = 1$ on obtient la relation $[\nabla n]^T n = 0$ qui implique $([\nabla n]n)\cdot n = 0$. Cette propriété permet de faire apparaître les invariants de ∇n et permet de conclure. □

Dans la section 7.1 de l'annexe on présente quelques calculs explicites de la courbure dans le cas d'un ellipsoide et d'un tore. Dans le cas de courbes en dimension 2, le résultat reste valable et la courbure de la courbe est donnée par $\operatorname{div}\left(\frac{\nabla\varphi}{|\nabla\varphi|}\right)$. Il suffit de reprendre la démonstration précédente : dans ce cas les formes fondamentales sont des scalaires et en utilisant (1.1) on retrouve la formule classique de la courbure 2D

$$dn = \partial_{\theta\theta}^2\gamma \cdot n \, (|\partial_\theta\gamma|^2)^{-1} = \frac{\partial_{\theta\theta}^2\gamma \cdot (\partial_\theta\gamma)^\perp}{|\partial_\theta\gamma|^3}.$$

1.3 Méthodes Level Set et géométrie des courbes de $\mathbb{R}^3$

Considérons une courbe paramétré $\Gamma \subset \mathbb{R}^3$. Soit $\theta \mapsto \gamma(\theta) \in \mathbb{R}^3$ une paramétrisation régulière de Γ. Le vecteur tangent à la courbe est défini par

$$\tau(\theta) = \frac{\gamma'(\theta)}{|\gamma'(\theta)|}. \quad (1.11)$$

La variation du vecteur tangent est dirigée par la normale n et proportionnelle à la courbure H de la courbe. On introduit donc

$$n(\theta) = \frac{\tau'(\theta)}{|\tau'(\theta)|}, \qquad\qquad \tau'(\theta) = H(\theta)|\gamma'(\theta)|n(\theta). \qquad (1.12)$$

Remarquons qu'avec cette définition la courbure est toujours positive. En dérivant la relation $\tau(\theta).\tau(\theta) = 1$ par rapport à θ, on obtient que $\tau(\theta)$ et $n(\theta)$ sont orthogonaux. En calculant τ' à l'aide de la paramétrisation, on obtient $\tau'(\theta) = \frac{1}{|\gamma'(\theta)|}\left(\gamma''(\theta) - (\gamma'(\theta) \cdot \tau(\theta))\tau(\theta)\right)$ donc en utilisant (1.12) on obtient l'équivalent de (1.7) pour les courbes

$$H(\theta) = \frac{\gamma''(\theta) \cdot n(\theta)}{|\gamma'(\theta)|^2}. \qquad (1.13)$$

On introduit alors le vecteur binormal b

$$b(\theta) = \tau(\theta) \times n(\theta). \qquad (1.14)$$

Le vecteur b est donc orthogonal à τ et b, et (τ, n, b) est une base orthonormale appelé la repère de Frenet adapté à la paramétrisation. En dérivant les relations $b \cdot b = 1$ et $b \cdot \tau = 0$ il est facile de montrer que b' n'a pas de composante suivant b et τ. La variation du vecteur binormal est donc dirigé par la normale n et proportionel à la torsion t_{ors} de la courbe. On introduit donc

$$b'(\theta) = -t_{ors}(\theta)|\gamma'(\theta)|n(\theta). \qquad (1.15)$$

En dérivant $n \cdot n = 1$, on obtient que n' n'a pas de composante suivant n et dérivant l'identité $n \cdot \tau = n \cdot b = 0$ puis en utilisant (1.12) et (1.15) on obtient finalement

$$\begin{cases} \tau'(\theta) = |\gamma'(\theta)|H(\theta)n(\theta), \\ n'(\theta) = |\gamma'(\theta)|(-H(\theta)\tau(\theta) + t_{ors}(\theta)b(\theta)), \\ b'(\theta) = -|\gamma'(\theta)|t_{ors}(\theta)n(\theta). \end{cases} \qquad (1.16)$$

Remarque 1.8. On peut montrer que si la courbure est nulle alors la courbe ressemble localement à une droite et si la torsion est nulle la courbe reste localement dans un plan. Lorsque l'on considère des courbes planes, *i.e* $\gamma(\theta) \in \mathbb{R}^2$, alors $n = \tau^{\perp}$ ce qui simplifie le calcul de la courbure (1.13). De plus, il n'y pas de vecteur binormal ni de torsion.

Considérons maintenant une représentation implicite de cette même courbe $\Gamma \subset \mathbb{R}^3$ à l'aide de deux surfaces. On représente chaque surface comme la ligne de niveau zéro de fonctions level set $\varphi^i : \mathbb{R}^3 \longrightarrow \mathbb{R}$

$$S_1 = \{x \in \mathbb{R}^3 / \varphi^1(x) = 0\}, \qquad S_2 = \{x \in \mathbb{R}^3 / \varphi^2(x) = 0\}.$$

On a ensuite $\Gamma = S_1 \cap S_2$. Notons que, ontrairement à une expression par paramétrisation, cette construction permet d'obtenir uniquement des courbes fermées .

Le vecteur $\nabla\varphi^i$ dirige la normale à S_i et on définit donc le vecteur tangent à Γ par

$$\tau(x) = \frac{\nabla\varphi^1 \times \nabla\varphi^2}{|\nabla\varphi^1 \times \nabla\varphi^2|}. \tag{1.17}$$

Soit $x \mapsto v(x)$ un champ de vecteur de $\mathbb{R}^3$. En utilisant (1.11) on a l'identité

$$(v(\gamma(\theta)))' = [\nabla v](\gamma(\theta))\,\gamma'(\theta) = [\nabla v](\gamma(\theta))\,\tau(\gamma(\theta))\,|\gamma'(\theta)|. \tag{1.18}$$

Grâce à l'identité (1.18) avec $v = \tau$ et à (1.12), ceci conduit aux formules suivantes pour la normale et la courbure

$$H(x) = |[\nabla\tau]\tau|, \qquad n(x) = \frac{[\nabla\tau]\tau}{|[\nabla\tau]\tau|}. \tag{1.19}$$

On introduit le vecteur binormal par la formule

$$b(x) = \tau(x) \times n(x). \tag{1.20}$$

En dérivant $|v|^2 = 1$ on obtient $[\nabla v]^T v = 0$ et en dérivant $v \cdot w = 0$ on obtient $[\nabla v]^T w = -[\nabla w]^T v$. En utilisant ces relations pour les vecteurs de la base orthonormale (τ, n, b), l'identité (1.18) avec $v = b$ et $v = n$ ainsi que les définitions (1.16), on obtient finalement

$$\begin{cases} [\nabla\tau]\tau = Hn, \\ [\nabla n]\tau = -H\tau + t_{ors}b, \\ [\nabla b]\tau = -t_{ors}n. \end{cases}$$

On retrouve l'équivalent eulérien des formules (1.16). En particulier la courbure et la torsion peuvent se calculer à l'aide de fonctions Level Set par

$$H = ([\nabla\tau]\tau) \cdot n = -([\nabla n]\tau) \cdot \tau \,,\; t_{ors} = -([\nabla b]\tau) \cdot n = ([\nabla n]\tau) \cdot b. \tag{1.21}$$

Remarque 1.9. Lorsqu'on considère des courbes planes, il suffit de choisir $\varphi_2 = z$ et φ^1 qui ne dépend que de x, y pour obtenir $\nabla\varphi^1 \times \nabla\varphi^2 = (\partial_y\varphi^1, -\partial_x\varphi^1, 0)$ et comme $n = \tau^\perp$ on obtient $n = -\frac{\nabla\varphi^1}{|\nabla\varphi^1|}$. La courbure définie dans la formule précédente se réécrit

$$H = -([\nabla n]\tau) \cdot \tau = -[\nabla n] : [\mathbb{I} - n \otimes n] = -\operatorname{div}(n) = \operatorname{div}\left(\frac{\nabla\varphi^1}{|\nabla\varphi^1|}\right). \tag{1.22}$$

On retrouve donc que la courbure en 2D se calcule comme la divergence de la normale, comme dans (1.9) pour le cas de surfaces en 3D.

1.4 Expression de forces de surface au moyen de fonction Level Set

La question de l'évaluation des énergies ou forces surfaciques au moyen de fonction Level Set est centrale dans toutes ces méthodes. En traitement d'images ces forces sont construites pour conduire les lignes de niveau à "coller" aux objets significatifs d'une image, afin de segmenter cette image, comme illustré sur la Figure 1.3 page 17. En mécanique des fluides faisant intervenir des milieux diphasiques, ces forces peuvent résulter de la tension superficielle entre phases. Et, comme on le verra plus en détail dans la suite de ce livre, dans des calculs d'interaction fluide structure, elles peuvent également représenter des forces élastiques ou des forces de contact entre différents objets.

Considérons une courbe de $\mathbb{R}^2$ ou une surface de $\mathbb{R}^3$ notée Σ. On définit la mesure surfacique sur Σ, notée δ_Σ par

$$\langle \delta_\Sigma, \psi \rangle = \int_\Sigma \psi\, ds \tag{1.23}$$

pour tout fonction ψ définie et continue dans Ω.

On a alors le résultat fondamental suivant.

Proposition 1.10. *Soit $r \to \zeta(r)$ une fonction continue à support dans $[-1, 1]$, telle que $\int \zeta(r)\, dr = 1$ et φ une fonction de classe C^2 de Ω dans $\mathbb{R}$ telle que $|\nabla\varphi(x)| > 0$ pour tout x dans un voisinage de $\{\varphi = 0\}$. Alors*

$$\frac{1}{\varepsilon}\zeta\left(\frac{\varphi}{\varepsilon}\right)|\nabla\varphi| \underset{\varepsilon\to 0}{\rightarrow} \delta_{\{\varphi=0\}} \tag{1.24}$$

dans l'espace des mesures c'est à dire

$$\int_\Omega \frac{1}{\varepsilon}\zeta\left(\frac{\varphi}{\varepsilon}\right)|\nabla\varphi|\psi\, dx \underset{\varepsilon\to 0}{\longrightarrow} \int_{\{\varphi=0\}} \psi\, ds \tag{1.25}$$

pour tout fonction test ψ continue sur Ω.

Preuve. Commençons par vérifier que sous les hypothèses de la proposition on a, en dimension un,

$$\frac{1}{\varepsilon}\zeta\left(\frac{x}{\varepsilon}\right) \underset{\varepsilon\to 0}{\rightarrow} \delta_0, \tag{1.26}$$

où δ_0 est la masse de Dirac unidimensionnelle en 0. En effet pour toute fonction test $\psi \in C^0(\mathbb{R})$ on peut écrire

$$\int \frac{1}{\varepsilon}\zeta\left(\frac{x}{\varepsilon}\right)\psi(x)\,dx = \int \zeta(y)\psi(\varepsilon y)\,dy \xrightarrow[\varepsilon \to 0]{} \int \zeta(y)\psi(0)\,dy = \psi(0) = \langle \delta_0\,,\,\psi\rangle,$$

par convergence dominée.

Pour la suite de la démonstration, nous indiquons trois approches : une première démonstration supposant que les lignes de niveau de φ sont parallèles a un axe, une démonstration utilisant un système de coordonnées adapté à la surface et enfin une démonstration intrinsèque. Bien que cette dernière démonstration soit la plus générale et la plus concise, les deux premières démonstrations nous paraissent être une manière naturelle de comprendre le résultat.

a) Cas où $\varphi(x_1, x_2, x_3) = rx_3$, $r > 0$. La ligne de niveau $\varphi = 0$ correspond à un plan de $\mathbb{R}^3$. Supposons $r > 0$, auquel cas l'orientation de Σ définie par $\nabla\varphi$ correspond à l'orientation dans le sens des x_3 croissants de cet axe. Soit ψ une fonction test définie sur Ω. On a

$$\int \frac{1}{\varepsilon}\zeta\left(\frac{\varphi}{\varepsilon}\right)|\nabla\varphi|\psi\,dx = \int dx_1 dx_2 \int \frac{r}{\varepsilon}\zeta\left(\frac{rx_3}{\varepsilon}\right)\psi(x_1, x_2, x_3)\,dx_3.$$

On déduit de (1.26) et du théorème de convergence dominée que

$$\int \frac{1}{\varepsilon}\zeta\left(\frac{\varphi}{\varepsilon}\right)|\nabla\varphi|\psi\,dx \xrightarrow[\varepsilon \to 0]{} \int \psi(x_1, x_2, 0)\,dx_1 dx_2 = \int_{\{\varphi=0\}} \psi(x)\,ds.$$

b) Démonstration utilisant une paramétrisation adaptée aux lignes de niveau de φ **autour de** $\{\varphi = 0\}$ **[30].** L'idée est ici de se ramener au cas plus haut en construisant un système de coordonnées adapté à la surface, en construisant des directions orthogonales au lignes de niveau de φ (voir figure 1.2), c'est à dire en trouvant une fonction ψ telle que

$$\nabla\varphi \cdot \nabla\psi = 0\,, \quad \text{avec } \nabla\psi \text{ toujours non nul.} \qquad (1.27)$$

Pour simplifier l'exposé, on se limite ici au cas de la dimension 2. Admettons provisoirement qu'un tel ψ existe (la preuve en sera donnée plus bas). Le changement de coordonnées $(x, y) \to (x', y')$ cherché s'écrira

$$x' = \psi(x, y)\,, \ y' = \varphi(x, y).$$

Ce changement de coordonnées est bien défini si le jacobien est non nul. Or ce jacobien vaut

$$J(x, y) = \varphi_x \psi_y - \varphi_y \psi_x$$

ce qui, puisque les gradients de φ et ψ sont orthogonaux, est égal, au signe près au produit des normes de ces deux vecteurs. J est donc non nul.

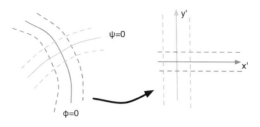

Fig. 1.2

Soit maintenant une fonction test w. Utilisant le changement de variables qui vient d'être défini on peut écrire

$$\int \frac{1}{\varepsilon} \zeta \left(\frac{\varphi(x,y)}{\varepsilon} \right) |\nabla\varphi(x,y)| w(x,y) \, dxdy$$

$$= \int \frac{1}{\varepsilon} \zeta \left(\frac{y'}{\varepsilon} \right) |\nabla\varphi(x,y)| \tilde{w}(x',y') \frac{1}{|\nabla\varphi||\nabla\psi|} \, dx'dy',$$

où $\tilde{w}$ est défini par $w(x,y) = \tilde{w}(\psi(x,y), \varphi(x,y))$. D'après (1.26) on a donc

$$\int \frac{1}{\varepsilon} \zeta \left(\frac{\varphi(x,y)}{\varepsilon} \right) |\nabla\varphi(x,y)| w(x,y) \, dxdy \rightarrow \int \frac{w(x',0)}{|\nabla\psi(x,y)|} \, dx'.$$

L'intégrale dans le membre de droite peut être reliée à une intégrale curviligne sur Σ en écrivant

$$x' = \psi(x(s), y(s))$$

où s est une abscisse curviligne de Σ, ce qui donne

$$dx' = |\nabla\psi \cdot \tau| ds,$$

où τ désigne un vecteur unitaire tangent à Σ. Comme $\nabla\psi$ et τ sont colinéaires, on a $|\nabla\psi \cdot \tau| ds = |\nabla\psi| ds$ et on obtient finalement

$$\int \frac{1}{\varepsilon} \zeta \left(\frac{\varphi(x,y)}{\varepsilon} \right) |\nabla\varphi(x,y)| w(x,y) \, dxdy \rightarrow \int_{\Sigma} w \, ds.$$

Il reste à démontrer l'existence du changement de variable $(x,y) \rightarrow (x',y')$. On observe tout d'abord que puisque $\frac{1}{\varepsilon} \zeta \left(\frac{\varphi}{\varepsilon} \right)$ a un support de largeur 2ε il suffit de construire ce changement de variable au voisinage de la courbe $\varphi = 0$. L'idée consiste à partir d'une paramétrisation $s \rightarrow (x(s), y(s))$ de Σ et à prolonger cette paramétrisation au voisinage de Σ par des fonctions $\tilde{x}(s,r), \tilde{y}(s,r)$ pour $r \in [-\varepsilon, +\varepsilon]$. Pour cela on cherche à résoudre les équations différentielles

$$\tilde{x}(s,0) = x(s) \quad , \quad \partial_r \tilde{x}(s,r) = \partial_x \varphi(\tilde{x}, \tilde{y})$$
$$\tilde{y}(s,0) = y(s) \quad , \quad \partial_r \tilde{y}(s,r) = \partial_y \varphi(\tilde{x}, \tilde{y}).$$

Puisque φ a été supposé de classe C^2 sur Ω, ce système est uniformément lispchitzien et possède donc une unique solution globale en $r \in [-\varepsilon, \varepsilon]$ qui est de classe C^2. Il définit un changement de variable car le jacobien de la transformation $(x,y) \to (\tilde{x}, \tilde{y})$ vérifie

$$\left| \frac{\partial(\tilde{x}, \tilde{y})}{\partial(x,y)} \right| = \partial_s x \partial_y \varphi(x(s), y(s)) - \partial_s y \partial_x \varphi(x(s), y(s)) + O(r)$$
$$= |\nabla \varphi(x(s), y(s))| + O(r),$$

la dernière égalité résultant du fait que la tangente à Σ (x_s, y_s) est orthogonale à $\nabla \varphi$. Comme, par hypothèse, $\nabla \varphi \neq 0$ sur Σ, on en déduit que par continuité le jacobien est non nul au voisinage de Σ. On conclut la démonstration en construisant ψ de la manière suivante. On se donne d'abord sur $\mathbb{R}$ une fonction régulière, strictement croissante, ψ_0 et on résout

$$\psi(\tilde{x}(s,r), \tilde{y}(s,r)) = \psi_0(s), \tag{1.28}$$

ce qui grâce au changement de variable vu plus haut définit bien une unique fonction ψ au voisinage de Σ. En dérivant (1.28) par rapport à r on obtient

$$\partial_x \psi \partial_r \tilde{x} + \partial_y \psi \partial_r \tilde{y} = 0.$$

Autrement dit on a bien
$$\nabla \varphi \cdot \nabla \psi = 0.$$

Par ailleurs en dérivant (1.28) par rapport à s on obtient

$$\nabla \psi \cdot (\tilde{x}_s, \tilde{y}_s) = \psi_0'$$

ce qui montre que $\nabla \psi$ ne s'annule pas.

c) Démonstration intrinsèque dans le cas général. Etant donnée une fonction test ψ posons

$$g(r) = \int_{\{\varphi = r\}} \psi ds.$$

D'après (1.26) on a

$$\lim_{\varepsilon \to 0} \int_{\mathbb{R}} \frac{1}{\varepsilon} \zeta \left(\frac{r}{\varepsilon} \right) \int_{\{\varphi = r\}} \psi \, ds dr = \int_{\{\varphi = 0\}} \psi \, ds,$$

ou encore

$$\lim_{\varepsilon \to 0} \int_{\mathbb{R}} \int_{\{\varphi = r\}} \frac{1}{\varepsilon} \zeta \left(\frac{\varphi}{\varepsilon} \right) \psi \, ds dr = \int_{\{\varphi = 0\}} \psi \, ds.$$

Puisque φ a son support dans $[-1,+1]$ on peut écrire

$$\int_{\mathbb{R}}\int_{\{\varphi=r\}}\frac{1}{\varepsilon}\zeta\left(\frac{\varphi}{\varepsilon}\right)\psi\,dsdr = \int_{-\varepsilon}^{\varepsilon}\int_{\{\varphi=r\}}\frac{1}{\varepsilon}\zeta\left(\frac{\varphi}{\varepsilon}\right)\psi\,dsdr.$$

On peut décomposer au voisinage de x le volume dx sous la forme $dx = ds \times dh$, où dh est compté suivant la normale $\frac{\nabla\varphi}{|\nabla\varphi|}$ et on remarque que

$$r \pm dr := \varphi\left(x \pm dh\frac{\nabla\varphi}{|\nabla\varphi|}\right) = \varphi(x) \pm dh|\nabla\varphi| + O(dh^2),$$

d'où $dsdr = |\nabla\varphi|dx$ (voir aussi lemme 3.1 page 55). Donc

$$\int_{\mathbb{R}}\int_{\{\varphi=r\}}\frac{1}{\varepsilon}\zeta\left(\frac{\varphi}{\varepsilon}\right)\psi\,dsdr = \int_{|\varphi(x)|<\varepsilon}\frac{1}{\varepsilon}\zeta\left(\frac{\varphi}{\varepsilon}\right)\psi|\nabla\varphi|\,dx$$
$$= \int_{\mathbb{R}^d}\frac{1}{\varepsilon}\zeta\left(\frac{\varphi}{\varepsilon}\right)\psi|\nabla\varphi|\,dx$$

ce qui achève la démonstration. $\qquad\qquad\square$

Avant de donner des exemples qui illustrent ce résultat, on peut remarquer que si en outre on suppose la fonction ζ paire, ce qui est toujours le cas en pratique, la propriété convergence (1.26) se trouve renforcée. Si on suppose ψ de classe C^2 on voit en effet facilement que

$$\left|\int\frac{1}{\varepsilon}\zeta\left(\frac{x}{\varepsilon}\right)\psi(x)\,dx - \psi(0)\right| \le |\psi|_{2,\infty}\int\frac{|x|^2}{\varepsilon}\zeta\left(\frac{x}{\varepsilon}\right)\,dx \le C\varepsilon^2,$$

ce qui montre que le calcul des forces à l'aide de fonctions Level Set est d'ordre 2 par rapport au paramètre ε.

1.4.1 Exemple 1 : traitement d'images

En traitement d'images, les méthodes dites de contour actif consistent à isoler les objets caractéristiques de l'image à l'aide de courbes. Ces courbes (on se limite dans cette discussion au cas 2D) doivent donc coller au plus près les contours significatifs de l'image et "oublier" la partie non cohérente de l'image (le bruit). Ces méthodes sont l'objet d'une vaste littérature que nous ne pouvons pas évoquer ici, et nous renvoyons notamment le lecteur à [111] et aux références qui y sont données. Les méthodes Level Set permettent de mettre en oeuvre cette idée de manière relativement simple.

Etant donnée une fonction Level Set φ on commence par définir des énergies qui traduisent chacun des critères ci-dessus. Supposons l'image constituée de deux niveaux de gris c_1 et c_2, pour respectivement l'intérieur et l'extérieur des objets que l'on souhaite segmenter. Si l'on souhaite que le contour délimite ces deux niveaux de gris il faut minimiser

$$\mathcal{E}_1(\varphi) = \int_\Omega |u_0 - c_1|^2 \mathcal{H}(\varphi)\, dx + \int_\Omega |u_0 - c_2|^2 \left(1 - \mathcal{H}(\varphi)\right)\, dx,$$

où u_0 désigne le niveau de gris de l'image à traiter et $\mathcal{H}$ désigne la fonction Heaviside. On considérera dans la suite une version régularisée de $\mathcal{E}_1$, en conservant la même notation, où $\mathcal{H}$ est remplacée par $\mathcal{H}_\varepsilon = \mathcal{H} \star \frac{1}{\varepsilon}\zeta(\frac{\cdot}{\varepsilon})$.

On suppose ici que l'on vise $\varphi < 0$ à l'intérieur des objets. Pour éviter que le contour s'arrête sur des objets d'échelle trop petite (le bruit essentiellement), une approche naturelle consiste en outre à minimiser la longueur de la ligne de niveau $\{\varphi = 0\}$. Cette longueur peut s'écrire

$$l(\Sigma) = \int_\Sigma ds.$$

Grâce à la proposition 1.10 on peut approcher cette longueur par la quantité

$$\mathcal{E}_2(\varphi) = \int \frac{1}{\varepsilon}\zeta\left(\frac{\varphi}{\varepsilon}\right) |\nabla\varphi|\, dx.$$

Il s'agit donc de minimiser par rapport à φ la fonctionnelle $\alpha\mathcal{E}_1(\varphi) + \beta\mathcal{E}_2(\varphi)$ où α et β sont deux paramètres positifs à ajuster pour doser l'importance respective des 2 critères. Un calcul de variation élémentaire permet de calculer les différentielles $\partial\mathcal{E}_1$ et $\partial\mathcal{E}_2$ de $\mathcal{E}_1$ et $\mathcal{E}_2$ de la manière suivante :

$$\begin{aligned}
<\partial\mathcal{E}_2, \psi> &= \int \frac{1}{\varepsilon^2}\zeta'\left(\frac{\varphi}{\varepsilon}\right)|\nabla\varphi|\psi\, dx + \int \frac{1}{\varepsilon}\zeta\left(\frac{\varphi}{\varepsilon}\right)\frac{\nabla\varphi \cdot \nabla\psi}{|\nabla\varphi|}\, dx \\
&= \int \frac{1}{\varepsilon^2}\zeta'\left(\frac{\varphi}{\varepsilon}\right)|\nabla\varphi|\psi\, dx - \operatorname{div}\left[\frac{1}{\varepsilon}\zeta\left(\frac{\varphi}{\varepsilon}\right)\frac{\nabla\varphi}{|\nabla\varphi|}\right]\psi\, dx \\
&= -\int \frac{1}{\varepsilon}\zeta\left(\frac{\varphi}{\varepsilon}\right)\operatorname{div}\frac{\nabla\varphi}{|\nabla\varphi|}\psi\, dx.
\end{aligned}$$

On en déduit que

$$\partial\mathcal{E}_2 = -\frac{1}{\varepsilon}\zeta\left(\frac{\varphi}{\varepsilon}\right)\operatorname{div}\frac{\nabla\varphi}{|\nabla\varphi|}.$$

Pour différencier $\mathcal{E}_1$ on commence par remarquer que $\mathcal{H}'_\varepsilon(\varphi) = \frac{1}{\varepsilon}\zeta\left(\frac{\varphi}{\varepsilon}\right)$ et on en déduit

$$<\partial\mathcal{E}_1, \psi> = \int \frac{1}{\varepsilon}\zeta\left(\frac{\varphi}{\varepsilon}\right)\left(|u_0 - c_1|^2 - |u_0 - c_2|^2\right)\psi\, dx,$$

d'où

$$\partial\mathcal{E}_1 = \left(|u_0 - c_1|^2 - |u_0 - c_2|^2\right)\frac{1}{\varepsilon}\zeta\left(\frac{\varphi}{\varepsilon}\right).$$

Un algorithme de gradient à pas constant pour minimiser $\alpha\mathcal{E}_1(\varphi) + \beta\mathcal{E}_2(\varphi)$ peut par conséquent s'interpréter comme la discrétisation en temps de l'équation

$$\partial_t\varphi = \alpha\frac{1}{\varepsilon}\zeta\left(\frac{\varphi}{\varepsilon}\right)\operatorname{div}\frac{\nabla\varphi}{|\nabla\varphi|} + \beta(|u_0 - c_1|^2 - |u_0 - c_2|^2)\frac{1}{\varepsilon}\zeta\left(\frac{\varphi}{\varepsilon}\right). \qquad (1.29)$$

où les niveaux c_1 et c_2 sont obtenus immédiatement en dérivant l'énergie :

$$c_1 = \frac{\int_\Omega u_0\mathcal{H}_\varepsilon dx}{\int_\Omega \mathcal{H}_\varepsilon dx}, \quad c_2 = \frac{\int_\Omega u_0(1 - \mathcal{H}_\varepsilon)dx}{\int_\Omega 1 - \mathcal{H}_\varepsilon dx}.$$

La figure 1.3 montre les contours obtenus après plusieurs itérations de cet algorithme sur une image bruitée. Elle met notamment en évidence une propriété importante des méthode Level Set, à savoir que la méthode n'est pas contrainte topologiquement : le contour initial est un cercle et le contour final consiste en plusieurs courbes fermées isolant les objets souhaités.

1.4.2 Exemple 2 : tension superficielle

Nous considérons ici le cas de deux fluides incompressibles séparés par une interface sujette à de la tension superficielle [30]. Cette référence contient une des toutes premières applications des méthodes Level Set en mécanique des fluides. De part et d'autre de l'interface Σ, ce que nous noterons les domaines Ω_1 et Ω_2 avec $\Omega = \Omega_1 \cup \Omega_2 \cup \Sigma$, le fluide est gouverné par les équations de Navier-Stokes incompressibles :

$$\rho(\partial_t u + u \cdot \nabla u) + \nabla p - \operatorname{div}(2\mu D(u)) = f , \operatorname{div} u = 0, \text{ dans } \Omega_1 \cup \Omega_2. \quad (1.30)$$

Dans cette équation μ désigne la viscosité (éventuellement différente dans chaque phase), et $D(u)$ le tenseur des vitesses de déformations,

$$D(u) = \frac{1}{2}(\nabla u + \nabla u^T).$$

Le long de l'interface les vitesses des fluides sont continues et les contraintes normales sont équilibrées par les forces de tension superficielle. Si on note σ le tenseur des contraintes fluides :

$$\sigma = -p\,I + 2\mu D(u)$$

ou encore :

$$\sigma_{ij} = -p\delta_{i,j} + \mu(\partial u_i/\partial x_j + \partial u_j/\partial x_i).$$

Si λ désigne le coefficient de tension superficielle, cet équilibre se traduit par les relations

$$[\sigma_{ij}n_j]_\Sigma = \lambda H n_i$$

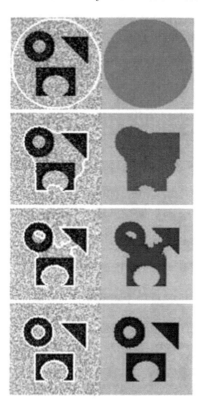

Fig. 1.3: Contours actifs utilisés pour segmenter des objets dans une image bruitée. Colonne de gauche : image brute et états successifs des contours. Colonne de droite : images segmentées à partir de ces contours. Tiré de [111].

ou, sous une forme plus compacte,

$$[\sigma \cdot n]_\Sigma = \lambda H n. \tag{1.31}$$

Dans les expressions ci-dessus n désigne la normale à l'interface, H sa courbure moyenne et $[\cdot]_\Sigma$ dénote le saut d'une quantité à la traversée de l'interface. Lorsque les fluides sont non visqueux ($\mu = 0$) cet équilibre traduit que la tension superficielle équilibre les forces de pression de part et d'autre de l'interface :

$$[p]_\Sigma = \lambda H.$$

Partant de ces relations de saut on peut prolonger à Ω entier les équations de Navier-Stokes satisfaites dans chaque phase. Pour u défini sur Ω vérifiant (1.31) on a

$$\operatorname{div}(2\mu D(u)) = U + \lambda H \delta_\Sigma n$$

où on a noté U la fonction qui vaut $\operatorname{div}(2\mu D(u))$ dans Ω_1 et dans Ω_2. On peut donc prolonger les équations de Navier-Stokes à Ω en le système suivant

$$\rho(\partial_t u + u \cdot \nabla u) + \nabla p - \operatorname{div}(2\mu D(u)) = \rho \lambda H \delta_\Sigma n,$$
$$\operatorname{div} u = 0.$$

Par suite de la proposition 1.10, la formulation Level Set de ce problème consiste à résoudre dans Ω le système

$$\rho(\partial_t u + u \cdot \nabla u) + \nabla p - \operatorname{div}(2\mu D(u)) = \rho(\varphi)\, \lambda\, H(\nabla\varphi)\, \frac{1}{\varepsilon}\zeta\left(\frac{\varphi}{\varepsilon}\right)\nabla\varphi \quad (1.32)$$

$$\operatorname{div} u = 0, \quad\quad\quad\quad (1.33)$$

$$\partial_t \varphi + u \cdot \nabla\varphi = 0, \quad\quad\quad\quad (1.34)$$

où on rappelle que H est une fonction de $\nabla\varphi$ donnée par

$$H = \operatorname{div} n, \text{ avec } n = \nabla\varphi/|\nabla\varphi|.$$

Ce système doit être complété par des conditions aux limites, soit, dans le cadre qu'on s'est fixé, $u = 0$ sur $\partial\Omega$, et des conditions initiales $u(x,0) = u_0(x), \varphi(x,0) = \varphi_0(x)$. A noter qu'avec cette condition au bord sur la vitesse, il n'est pas nécessaire d'écrire de condition aux limites spatiales pour φ dans l'équation de transport.

La figure 1.4 montre le transport sous l'effet de la gravité de 2 bulles de densités différentes et leur fusion, avec l'effet régularisant de la tension superficielle sur la forme de l'interface. Cette figure illustre à nouveau le fait que les méthodes Level Set, au contraire des méthodes de suivi d'interface, ne sont pas contraintes par la topologie et permettent la fusion d'objets. Dans cette expérience, reprise de [30], le coefficient de gravité est pris égal à 1, le contraste de densité entre les 2 bulles, initialement circulaires, est égal à 10 (la bulle la plus légère est la plus basse). Les diamètres des bulles sont 0.2 et 0.3. Le coefficient de tension superficielle pour l'expérience de droite est égal à 0.02. Comme dans [30], les équations de Navier-Stokes sont résolues dans l'approximation de Boussinesq avec une grille de pas $h = 1/256$.

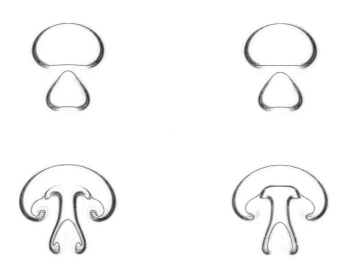

Fig. 1.4: Fusion de 2 bulles de densités différentes, à deux instants successifs ($t = 0.2$ pour les figures du haut et $t = 0.4$ pour les figures du bas). Avec (figures de droite) ou sans (figures de gauche) tension superificielle. Les lignes de niveau en couleur représentent les niveaux de vorticité. Voir le texte pour les paramètres de ces expériences.

1.5 Aspects numériques I : consistance et précision

Comme on l'a vu plus haut, les méthodes Level Set reposent tout d'abord sur la convergence de l'approximation d'une masse de Dirac mono-dimensionnelle par une fonction cut-off, convergence qui elle même découle de la propriété (1.26) en dimension un. Si on reprend la démonstration de cette propriété en supposant que $\varphi(x) = rx$ pour une constante donnée r on trouve

$$\left| \int \frac{1}{\varepsilon} \zeta \left(\frac{rx}{\varepsilon} \right) \psi(x)\, dx - \psi(0) \right| \le \int \frac{1}{\varepsilon} \left| \zeta \left(\frac{rx}{\varepsilon} \right) \right| |\psi(x) - \psi(0)|\, dx$$

$$\le \int \frac{|x|}{\varepsilon} \left| \zeta \left(\frac{rx}{\varepsilon} \right) \right| dx\, |\psi|_{1,\infty} \le m_1 \frac{\varepsilon}{r} |\psi|_{1,\infty},$$

où $m_1 = \int |x\zeta(x)|\,dx$. Sachant que dans cet exemple $r = \varphi'(0)$ on peut en déduire que l'approximation des forces en utilisant une fonction Level Set aura une précision d'ordre

$$O\left(\frac{\varepsilon}{\inf_{\{\varphi=0\}}|\nabla\varphi|}\right).$$

Ce qu'on vient de dire suppose un calcul exact des intégrales. En pratique ces intégrales doivent être évaluées par des méthodes de quadrature. En supposant ces quadratures effectuées par exemple par la méthode du point milieu, sur une grille de noeuds x_j, avec $j \in [0, N]^d$ où d est la dimension de l'espace, de pas uniforme Δx, l'erreur produite sur l'évaluation d'une force de la forme (1.32) peut s'écrire avec une estimation à l'ordre 1

$$\left|\int \frac{1}{\varepsilon}\zeta\left(\frac{\varphi}{\varepsilon}\right)\psi\,dx - \sum_j \frac{1}{\varepsilon}\zeta\left(\frac{\varphi(x_j)}{\varepsilon}\right)\psi(x_j)\right| \le C\Delta x \left|\frac{1}{\varepsilon}\zeta\left(\frac{\varphi}{\varepsilon}\right)\right|_{1,1} |\varphi|_{1,\infty}$$

$$\le C\frac{\Delta x}{\varepsilon}|\varphi|_{1,\infty}.$$

Au vu de ce qui précède, la convergence interviendra si, d'une part les conditions de convergence s'écrivent

$$\varepsilon \ll \inf_{\varphi=0}|\nabla\varphi|,$$

et, d'autre part,

$$\Delta x \ll \varepsilon/|\varphi|_{1,\infty}.$$

Une estimation à l'ordre 2 de l'erreur de quadrature conduit à des conclusions similaires. On en déduit qu'une condition naturelle pour que la convergence ne nécessite pas des valeurs trop petites des paramètres ε et Δx est que le rapport

$$\frac{\inf_{\varphi=0}|\nabla\varphi|}{|\varphi|_{1,\infty}}$$

soit aussi proche de 1 que possible. Le cas idéal est que, au moins dans un voisinage de taille ε de $\Sigma = \{\varphi = 0\}$, $|\nabla\varphi| = 1$ (ou une autre constante), ce qui est le cas si φ est la distance signée à Σ (voir proposition 1.4).

S'il est possible d'initialiser la valeur initiale de φ à une telle valeur, il n'est évidemment pas possible de garantir la propriété $|\nabla\varphi| \simeq 1$ pour $t > 0$. Pour y remédier, deux approches sont possibles : recaler à chaque instant φ à une fonction qui a cette propriété, sans altérer l'iso-surface $\{\varphi = 0\}$, ou bien renormaliser φ dans l'expression des forces.

1.5.1 Redistanciation de φ

La première méthode consiste à redresser une fonction Level Set donnée φ_0 en une fonction distance signée à chaque pas de temps. Cette idée est apparue très vite en méthodes Level Set [136, 135] et a connu de nombreux développements (on pourra par exemple consulter [121, 31, 109]). On se bornera ici à donner les grandes lignes de la méthode.

La redistanciation de la fonction Level Set peut être faite par exemple en résolvant l'équation d'Hamilton-Jacobi suivante :

$$\partial_\tau \varphi + \mathrm{sgn}(\varphi_0)(|\nabla \varphi| - 1) = 0. \tag{1.35}$$

avec φ_0 comme condition initiale, équation dont on cherche un état stationnaire. En pratique, du fait de l'hyperbolicité de cette équation, le redressement de φ est propagé à partir de $\{\varphi = 0\}$ si bien qu'il suffit de quelques itérations pour avoir $|\nabla \varphi| \approx 1$ au voisinage de $\{\varphi = 0\}$. En effet, l'équation ci-dessus peut être écrite comme une équation de transport avec second membre :

$$\partial_\tau \varphi + \mathrm{sgn}(\varphi_0) \frac{\nabla \varphi}{|\nabla \varphi|} \cdot \nabla \varphi = -\mathrm{sgn}(\varphi_0). \tag{1.36}$$

Les caractéristiques sont donc issues de $\{\varphi_0 = 0\}$ et perpendiculaires à cette interface. On peut effectivement montrer que cette équation ne modifie pas la ligne de niveau zéro de la fonction initiale (i.e. $\{\varphi(\cdot, t) = 0\} = \{\varphi_0 = 0\}$ pour tout $t > 0$). L'inconvénient de cette approche est d'une part qu'il faut résoudre cette équation supplémentaire et que, d'autre part, sa discrétisation numérique entraine en pratique un déplacement de l'interface. C'est un inconvénient que plusieurs contributions se sont attelé à réduire au détriment de la simplicité de la méthode [135, 121, 31, 109, 56]. Une difficulté tient notamment à l'approximation numérique de la fonction signe.

D'autres méthodes consistent à résoudre directement l'équation eikonale. Etant donnée une interface $\{\varphi_0 = 0\}$, où φ_0 n'est pas une fonction distance, on cherche φ satisfaisant

$$\begin{cases} |\nabla \varphi| = 1 & \text{dans } \Omega \\ \varphi = 0 & \text{sur } \{\varphi_0 = 0\} \end{cases} \tag{1.37}$$

Parmi ces méthodes, qui ont débuté historiquement par le *Fast Marching* de J. Sethian [123, 124, 94], on retrouve le *Fast Sweeping* [144, 117] et la méthode de Dapogny et Frey [41].

Une autre approche consiste à transporter φ en dehors de l'interface de manière à ce que l'on ait toujours $|\nabla \varphi| = 1$. Une méthode, introduite initialement par Osher et ses co-auteurs [146] d'après une idée d'Evans et Spruck [59], puis reprise par Gomes et Faugeras [78] et, dans le cadre de l'optimisation de formes, par Delfour et Zolésio [47], consiste à déterminer φ

comme la solution de

$$\partial_t \varphi(x,t) + (u \cdot \nabla \varphi)(x - \varphi \nabla \varphi(x), t)) = 0.$$

Ceci qui revient, sur l'interface, à l'équation de transport, dont la solution est toujours une fonction distance si la fonction initiale l'est. Malheureusement cette équation est non locale et délicate à utiliser numériquement.

Dans toutes ces techniques, un inconvénient est qu'elles nous privent d'informations sur les gradients de la fonction Level Set advectée par l'écoulement, informations qui, nous le verrons plus loin, sont cruciales pour le traitement de l'interaction fluide-structure par méthodes Level Set.

1.5.2 Renormalisation de φ

Cette méthode part de la constatation suivante : si $d(x,t)$ désigne la distance signée à la courbe $\{\varphi = 0\}$, la quantité $\frac{\varphi}{|\nabla \varphi|}$ approche d au voisinage de l'interface.

En effet comme on l'a mentionné dans la proposition 1.4, pour $d(x)$ assez petit, le point $x - d(x)\nabla d(x)$ est sur cette surface, donc $\varphi(x - d(x)\nabla d) = 0$. En effectuant un développement au voisinage de $d(x) = 0$ on a

$$\varphi(x) - d(x)\nabla\varphi \cdot \nabla d(x) + O(d(x)^2) = 0.$$

On a d'autre part

$$\nabla d(x) = (\nabla d)(x - d(x)\nabla d) + d(x)[\nabla^2 d]\nabla d + O(d(x)^2),$$

et

$$(\nabla d)(x - d(x)\nabla d) = \frac{\nabla\varphi}{|\nabla\varphi|}(x - d(x)\nabla d)$$

$$= \frac{\nabla\varphi}{|\nabla\varphi|}(x) - d(x)\left[\nabla\left(\frac{\nabla\varphi}{|\nabla\varphi|}\right)\right]\nabla d + O(d(x)^2). \quad (1.38)$$

Donc

$$\nabla d(x) = \frac{\nabla\varphi}{|\nabla\varphi|}(x) + d(x)\left([\nabla^2 d] - \left[\nabla\left(\frac{\nabla\varphi}{|\nabla\varphi|}\right)\right]\right)\nabla d + O(d(x)^2),$$

et finalement

$$\varphi(x) - d(x)|\nabla\varphi|(x) + O(d(x)^2) = 0,$$

soit encore

$$d(x) \approx \frac{\varphi}{|\nabla\varphi|}(x).$$

On a ainsi un moyen simple d'estimer la distance d'un point x suffisamment voisin de $\{\varphi = 0\}$ à cette courbe, en divisant la valeur de φ par la norme de son gradient. La fonction $\psi(x) = \frac{\varphi}{|\nabla\varphi|}(x)$ est, à l'ordre un en φ, de gradient unitaire. D'autre part sa ligne de niveau zéro coïncide avec celle de φ. D'après la proposition 1.10, on a donc

$$\frac{1}{\varepsilon}\zeta\left(\frac{\psi}{\varepsilon}\right)|\nabla\psi| \rightharpoonup \delta_{\{\psi=0\}} = \delta_{\{\varphi=0\}} \quad \text{dans } \mathcal{M}(\mathbb{R}^d).$$

Or $|\nabla\psi| = 1 + O(\varphi)$ ce qui justifie l'approximation de $\delta_{\{\varphi=0\}}$ par

$$\frac{1}{\varepsilon}\zeta\left(\frac{\varphi}{\varepsilon|\nabla\varphi|}\right).$$

Au premier ordre en φ, cette expression représente une approximation de la masse de Dirac dont le support reste de largeur 2ε. Par rapport à la méthode d'origine, la méthode qui en résulte consiste finalement à remplacer en chaque point x le paramètre ε par des valeurs locales $\varepsilon|\nabla\varphi|(x)$.

L'intérêt de cette méthode est qu'elle peut s'interpréter comme un post-processing de φ qui n'affecte pas le déplacement de φ. Son inconvénient est qu'elle ajoute la singularité de $\nabla\varphi$ dans le *cut-off* et que des points où $|\nabla\varphi|$ est petit peuvent causer des soucis numériques dans l'évaluation des forces.

Une étude fine de ce type d'approximation a été menée par Tornberg, Enquist et Tsai [55], qui a permis de déterminer un choix optimal local du paramètre ε. Celui-ci consiste à utiliser la norme 1 du vecteur et à remplacer ε en chaque point par

$$\varepsilon(x) = |\nabla\varphi(x)|_1\varepsilon_0,$$

où ε_0 est fixé et $|\nabla\varphi(x)|_1 = |\partial_{x_1}\varphi(x)| + |\partial_{x_2}\varphi(x)| + |\partial_{x_3}\varphi(x)|$. Par ailleurs, les auteurs recommandent l'utilisation de la fonction chapeau comme approximation de la mesure de Dirac, parce qu'elle vérifie une condition de moment discret d'ordre deux.

1.5.3 Comparaison des deux approches

On a évoqué plus haut les avantages et inconvénients des approches par redistanciation. Un intérêt supplémentaire de ces méthodes, non visé au départ, est que du fait que les gradients de φ sont ramenés proches de 1 autour de l'interface, les variations de φ sont limitées ce qui peut avoir pour effet de réduire les erreurs numériques dans le traitement de l'équation de transport de φ (et ceci indépendamment de la méthode de discrétisation numérique utilisée pour résoudre cette équation).

La figure 1.5 illustre à la fois cet effet ainsi que l'inconvénient, déjà mentionné, que la discrétisation de l'équation (1.36) peut conduire à un dépla-

cement de l'interface. Dans cet exemple, qui est classiquement utilisé pour
tester les méthodes Level Set et le traitement numérique de l'équation de
transport (1.2) (voir par exemple [56]), le champ de vitesse est donné par

$$u(x_1, x_2) = (-\sin^2(\pi x_1)\sin(2\pi x_2), \sin(2\pi x_1)\sin^2(\pi x_2)$$

et l'interface initiale est un cercle centré en $(0.5, 0.75)$ et de rayon 0.15. Bien
que très régulier, le champ de vitesse produit un étirement important et
une filamentation de l'interface qui rend difficile sa capture pour de temps
$T > 2$. Dans cette figure, la solution de référence est obtenue à $T = 5$ avec

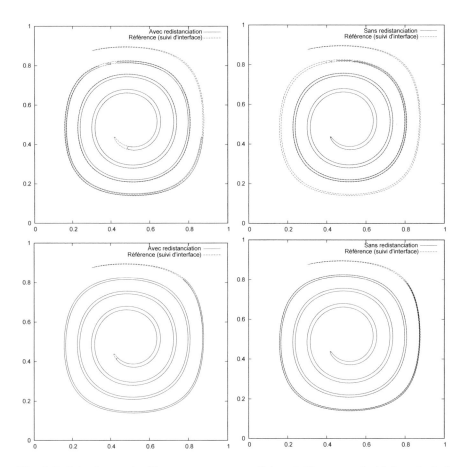

Fig. 1.5: Interface calculée avec ou sans redistanciation pour le blob entraîné
à $T = 5$, sur grille rectangulaire $N \times N$. Haut : $N = 256$. Bas : $N = 512$. Tiré
de [36].

une méthode de suivi lagrangien de l'interface, très simple à mettre en oeuvre dans ce cas spécifique, utilisant 1000 marqueurs pour l'interface. Dans le cadre eulérien, les équations de transport sont résolues par un schéma WENO5 sur un maillage structuré de tailles 256×256 ou 512×512. On peut constater que dans les parties fines du filament, ceux-ci sont mieux traités par la méthode de redistanciation, ce qu'on peut attribuer au fait que les erreurs de discrétisation dans la solution de l'équation de transport sont importantes lorsque φ est très raide. Par contre dans les zones mieux résolues, on constate aussi que l'équation de re-distanciation occasionne un déplacement artificiel de l'interface.

Pour tester la capacité des différentes méthodes ci-dessus à permettre un calcul correct des forces, nous reprenons le même champ de vitesse et calculons la longueur du filament au temps au cours du temps. Ce calcul de longueur représente ici un prototype de force surfacique qu'il s'agit de bien calculer. Dans la figure 1.6, la courbe supérieure, qui montre une croissance quasi linéaire de la longueur, est la courbe de référence obtenue comme précédemment en suivant un grand nombre de marqueurs. Les courbes solides sont obtenues par une méthode de renormalisation et les courbes en pointillés par redistanciation. Les tests sont menés avec $64, 128$ et 256 points. On observe qu'à faible résolution la méthode de redistanciation finit par faire totalement disparaître le filament. A plus haute résolution les méthodes de redistanciation et de renormalisation donnent des résultats comparables. La méthode de renormalisation apparaît donc comme une méthode permettant un calcul correct des forces, même en cas de fort étirement, sans affecter l'équation de transport sur la fonction Level Set.

Un exemple complémentaire illustrant le comportement de la méthode de renormalisation repose sur le test proposé par [130] pour introduire une nouvelle manière d'approcher la mesure de Dirac. Dans cet article l'auteur construit deux fonctions de Dirac discrètes approchant la mesure à l'ordre 1 et 2, puis calcule la longueur d'une ellipse dont l'orientation est aléatoirement choisie pour éviter les effets de grille. L'erreur moyenne commise est alors enregistrée. Le tableau 1.5.3 met en evidence que la renormalisation se situe, du point de vue de la précision, au même niveau que la première approximation proposée par l'auteur, et constitue donc, au vu de sa simplicité, une solution efficace pour approcher une mesure de surface dans la méthode Level Set. Une étude complète de l'approximation des fonctions de Dirac a été menée dans [55].

Pas de discrétisation	Smereka 1 Erreur Rel.	Ordre	Renormalisation Erreur Rel.	Ordre	Smereka 2 Erreur Rel.	Ordre
0.2	9.38×10^{-3}		1.5×10^{-1}		2.68×10^{-3}	
0.1	2.23×10^{-3}	2.07	5×10^{-3}		5.49×10^{-4}	2.29
0.05	8.12×10^{-4}	1.46	1.3×10^{-3}	1.9	1.32×10^{-4}	2.05
0.025	2.71×10^{-4}	1.58	3×10^{-4}	2.1	2.90×10^{-5}	2.18
0.0125	7.58×10^{-5}	1.83	8×10^{-5}	1.9	7.79×10^{-6}	1.90
0.00625	3.04×10^{-5}	1.32	2×10^{-5}	2	1.84×10^{-6}	2.08

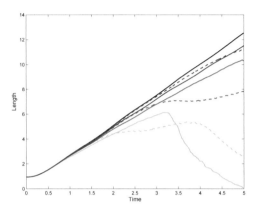

Fig. 1.6: Comparaison des méthodes de redistanciation et de renormalisation pour le calcul de la longueur du filament pour l'expérience de la figure 1.5. Les résultats concernent une résolution avec 64 (courbes vertes), 128 (courbes rouge) et 256 (courbes bleueus) points de discrétisation dans chaque direction. La courbe noire est la courbe de référence. Résultats obtenus par redistanciation (traits pleins) et renormalisation (pointillés). Tiré de [36].

1.6 Aspects numériques II : stabilité

Dans les méthodes ALE, les questions de stabilité interviennent notamment à travers des phénomènes dits de masse ajoutée, lorsque les densités des fluides et solides sont proches. En méthodes Level Set, la situation est très différente. Les questions de stabilité sont liés aux types de discrétisations temporelles, explicites ou implicites, utilisées pour coupler les équations de transport et de Navier-Stokes, et interviennent lorsque les coefficients de raideur sont grands .

Pour étudier ces questions il semble difficile d'avoir un cadre tout à fait général et il est nécessaire de spécifier le couplage spécifiquement considéré. Nous allons considérer le cas de la tension superficielle déjà évoqué plus haut dans un écoulement à densité et viscosité uniformes. Les questions de stabilité en méthodes Level Set dans ce cadre ont été notamment étudiées dans [21, 71, 50, 116].

Nous généralisons ici au cas tri-dimensionnel l'analyse faite dans [19, 37]. Nous verrons par la suite comment les conclusions de cette analyse se généralisent au cas de membranes élastiques.

Le système (1.32)-(1.34) se réduit dans le cas à densité et viscosité constantes au système suivant :

$$\partial_t u + u \cdot \nabla u + \nabla p - \mu \Delta u = \lambda H(\varphi) \frac{1}{\varepsilon} \zeta \left(\frac{\varphi}{\varepsilon} \right) \nabla \varphi, \qquad (1.39)$$

$$\operatorname{div} u = 0, \qquad (1.40)$$

$$\partial_t \varphi + (u \cdot \nabla) \varphi = 0. \qquad (1.41)$$

On va dans la suite étudier la stabilité linéaire de certaines discrétisations temporelles de ce système, au voisinage d'un état d'équilibre consistant en un fluide au repos avec une interface plane (on notera que ce ne sont pas les seuls états d'équilibre car la condition de compressibilité permet des états d'équilibre qui ne sont pas de courbure nulle (les sphères en 3D). Sans restreindre la généralité on peut supposer que l'interface coïncide avec un plan axial, ce qui donne par exemple

$$\bar{\varphi}(x) = x_1. \qquad (1.42)$$

Cette fonction vérifie évidemment

$$|\nabla \bar{\varphi}| \equiv 1 \ , \ H(\bar{\varphi}) \equiv 0.$$

La linéarisation du membre de droite de (1.39) ne fait donc intervenir que le terme qui provient de la linéarisation de H. Dans la suite on notera φ la variation de φ autour du profil d'équilibre $\bar{\varphi}$. Un calcul différentiel élémentaire nous donne

$$H(\bar{\varphi} + \varphi) = \sum_i \sum_j \varphi_j \left(\frac{\delta_{ij}}{|\nabla \bar{\varphi}|} - \frac{\bar{\varphi}_i \bar{\varphi}_j}{|\nabla \bar{\varphi}|^3} \right)$$

ce qui, étant donnée la forme particulière de $\bar{\varphi}$, nous donne

$$H(\bar{\varphi} + \varphi) = \sum_i \varphi_{ii} - \sum_{i,j} [\bar{\varphi}_i \bar{\varphi}_j] \varphi_i j = \Delta \varphi - \varphi_{11}.$$

La linéarisation de l'équation de transport de φ est elle donnée par

$$\partial_t \varphi + (u \cdot \nabla) \bar{\varphi} = 0.$$

Si on cherche par conséquent une solution de la forme $(u = (u_1, u_2, u_3), p, \bar{\varphi} + \varphi)$ la linéarisation du système (1.39)-(1.41) conduit au système

$$\partial_t u_1 - \partial_1 p - \mu \Delta u_1 = \lambda (\Delta \varphi - \partial_{11} \varphi) \frac{1}{\varepsilon} \zeta \left(\frac{\varphi}{\varepsilon} \right) (x_1), \qquad (1.43)$$

$$\partial_t u_2 - \partial_2 p - \mu \Delta u_2 = 0, \qquad (1.44)$$

$$\partial_t u_3 - \partial_3 p - \mu \Delta u_3 = 0, \qquad (1.45)$$

$$\partial_1 u_1 + \partial_2 u_2 + \partial_3 u_3 = 0, \qquad (1.46)$$

$$\partial_t \varphi + u_1 = 0. \qquad (1.47)$$

où on a noté $\partial_t = \partial/\partial t$, $\partial_i = \partial/\partial x_i$ pour $i \in [1,3]$ et $\partial_{11} = \partial^2/\partial x_1^2$. Dans la mesure où l'interaction fluide-interface est limitée au support de $\frac{1}{\varepsilon} \zeta \left(\frac{\varphi}{\varepsilon} \right)$, et pour simplifier l'analyse Fourier nous allons considérer le système (1.43)-(1.47) dans une bande $\Omega = [-\varepsilon, +\varepsilon] \times [-\pi, +\pi]^2$, en le complétant avec des conditions aux limites périodiques sur les bords de Ω. Nous supposerons en outre que $\zeta \equiv 1/2$ dans son support.

On voit alors facilement que la solution de ce système vérifie

$$u_2 = u_3 = p = 0 \, , \; u_1 = u_1(x_2, x_3) \, , \; \varphi = \varphi(x_2, x_3),$$

pour peu que les conditions initiales soient de cette forme, avec

$$\partial_t u_1 - \mu \, \Delta' u_1 = \frac{\lambda}{2\varepsilon} \, \Delta' \varphi, \tag{1.48}$$

$$\partial_t \varphi + u_1 = 0, \tag{1.49}$$

où on a noté $\Delta' = \partial_{22} + \partial_{33}$. Ce système est posé dans le domaine $\Omega' = [-\pi, +\pi]^2$

C'est sur les solutions de ce système que porteront les analyses de stabilité qui suivent. On peut déjà remarquer en remplaçant u_1 par $-\partial_t \varphi$ dans la première équation que l'on obtient

$$\partial_{tt}^2 \varphi - \mu \, \Delta' \partial_t \varphi = \frac{\lambda}{2\varepsilon} \, \Delta' \varphi. \tag{1.50}$$

En particulier, si $\mu = 0$, il s'agit d'une équation des ondes pour φ dans les directions transverses à la surface.

Malgré les hypothèses et simplifications faites pour aboutir à ces formes particulières de solutions on verra qu'elles permettent de mettre en évidence des critères de stabilité qui recoupent l'expérience et d'autres analyses empiriques de la littérature.

La discrétisation en temps de (1.32)-(1.34) conduit naturellement à des schémas explicites et implicites. Plutôt que de linéariser les équations discrètes obtenues à partir de (1.32)-(1.34), on peut de manière équivalente discrétiser les équations linéarisées obtenues au-dessus. C'est cette approche que nous allons suivre.

Dans toute la suite, on se donne un pas de temps Δt, un pas d'espace Δx et une grille uniforme du plan (x_2, x_3) de Ω de noeuds $x_{\mathbf{i}} = (-\pi + i_1 \Delta x, -\pi + i_2 \Delta x)$, pour $\mathbf{i} = (i_1, i_2) \in [1, N]^2$ avec $N \Delta x = 2\pi$. On notera (u, φ) la solution de (1.48)-(1.49), $u_{\mathbf{i}}^n, \varphi_{\mathbf{i}}^n$ la solution discrète des schémas au temp $t_n = n \Delta t$ et au point de grille $\mathbf{i} \Delta x$. Enfin on considérera la transformation de Fourier discrète d'une suite périodique $(u_{\mathbf{i}}, \varphi_{\mathbf{i}})$ de période N définie par

$$u_{\mathbf{j}}^n = \sum_{\mathbf{k} \in [1,N]^2} \hat{u}_{\mathbf{k}} \exp i \left(< \mathbf{j} \cdot \mathbf{k} > \Delta x \right), \tag{1.51}$$

$$\varphi_{\mathbf{j}}^n = \sum_{\mathbf{k} \in [1,N]^2} \hat{\varphi}_{\mathbf{k}} \exp i \left(< \mathbf{j} \cdot \mathbf{k} > \Delta x \right) \tag{1.52}$$

1.6.1 Schéma explicite

Un schéma explicite naturel pour le système (1.48)-(1.49), s'écrit

$$\begin{cases} \dfrac{u_{\mathbf{j}}^{n+1} - u_{\mathbf{j}}^{n}}{\Delta t} - \mu \Delta_d u_{\mathbf{j}}^{n+1} = -\dfrac{\lambda}{\varepsilon} \Delta_d \varphi_{\mathbf{j}}^{n} \\[2mm] \dfrac{\varphi_{\mathbf{j}}^{n+1} - \varphi_{\mathbf{j}}^{n}}{\Delta t} + u_{\mathbf{j}}^{n+1} = 0 \\[2mm] u_j^0 = f_j, \; \varphi_j^0 = g_j, \end{cases} \tag{1.53}$$

où Δ_d dénote le laplacien centré classique :

$$\Delta_d u_{\mathbf{j}} = \frac{u_{j_1+1,j_2} - 2u_{j_1,j_2} + u_{j_1-1,j_2}}{(\Delta x)^2} + \frac{u_{j_1,j_2+1} - 2u_{j_1,j_2} + u_{j_1 j_2-1}}{(\Delta x)^2}$$

pour $\mathbf{j} = (j_1, j_2)$. Notons que le schéma ci-dessus est explicite pour ce qui concerne le couplage entre u et φ, il suffit pour cela de résoudre la première équation avant la deuxième, mais, classiquement, implicite dans le traitement de la diffusion de u. La stabilité de ce schéma est décrite par le résultat suivant.

Proposition 1.11. *Une condition nécessaire pour la stabilité du schéma (1.53) est*

$$\Delta t \leq \frac{\mu \varepsilon + \sqrt{\mu^2 \varepsilon^2 + \frac{\lambda}{2} \varepsilon \Delta x^2}}{\lambda} \tag{1.54}$$

Preuve. Le système (1.53) se traduit, dans la décomposition (1.51)-(1.52), pour chaque nombre $k = (k_1, k_2)$ en le système linéaire

$$\begin{cases} \left(1 + \dfrac{4\mu \Delta t}{\Delta x^2} \alpha_k\right) \hat{u}_k^{n+1} = \hat{u}_k^n + \dfrac{4\lambda \Delta t}{\varepsilon \Delta x^2} \alpha_k \hat{\varphi}_k^n \\[2mm] \hat{\varphi}_k^{n+1} + \Delta t \hat{u}_k^{n+1} = \hat{\varphi}_k^n \end{cases} \tag{1.55}$$

avec

$$\alpha_k = \sin^2\left(\frac{k_1 \Delta x}{2}\right) + \sin^2\left(\frac{k_2 \Delta x}{2}\right)$$

ou encore, sous forme matricielle

$$\begin{pmatrix} \hat{u}_k^{n+1} \\ \hat{\varphi}_k^{n+1} \end{pmatrix} = \begin{pmatrix} \dfrac{1}{\delta_k} & \dfrac{\beta_k}{\delta_k} \\ -\dfrac{\Delta t}{\delta_k} & 1 - \Delta t \dfrac{\beta_k}{\delta_k} \end{pmatrix} \begin{pmatrix} \hat{u}_k^n \\ \hat{\varphi}_k^n \end{pmatrix} = A_k \begin{pmatrix} \hat{u}_k^n \\ \hat{\varphi}_k^n \end{pmatrix}$$

avec $\beta_k = \frac{4\lambda \Delta t}{\varepsilon \Delta x^2} \alpha_k$ et $\delta_k = 1 + \frac{4\mu \Delta t}{\Delta x^2} \alpha_k = 1 + \frac{\mu \varepsilon}{\lambda} \beta_k$.
Les valeurs propres de la matrice A_k sont les racines du polynôme

$$\left(1+\frac{\mu\varepsilon}{\lambda}\beta_k\right)r^2-\left(2+\left(\frac{\mu\varepsilon}{\lambda}-\Delta t\right)\beta_k\right)r+1. \tag{1.56}$$

Supposons

$$\Delta t>\frac{\mu\varepsilon+\sqrt{\mu^2\varepsilon^2+\frac{\lambda}{2}\varepsilon\Delta x^2}}{\lambda}. \tag{1.57}$$

et montrons que l'une des valeurs propres est de module supérieur à 1, ce qui contredit la stabilité. Le discriminant du polynôme (1.56) est donné par

$$\Delta_k=4\Delta t\beta_k\left(\left(\frac{\mu\varepsilon}{\lambda}-\Delta t\right)^2\frac{\lambda}{\varepsilon\Delta x^2}\alpha_k-1\right)$$

D'après (1.57) on a aussi

$$\Delta t>\frac{\mu\varepsilon}{\lambda}+\Delta x\sqrt{\frac{\varepsilon}{2\lambda}}$$

et donc

$$\left(\frac{\mu\varepsilon}{\lambda}-\Delta t\right)^2\frac{\lambda}{\varepsilon\Delta x^2}>\frac{1}{2}$$

Par conséquent il existe des valeurs de k telles que le discriminant de (1.56) est positif. Les valeurs propres sont donc réelles. Notons r_- la plus petite valeur propre et montrons par l'absurde que $r_-<-1$. On peut écrire

$$r_-\geq-1$$

$$\Leftrightarrow 2+\left(\frac{\mu\varepsilon}{\lambda}-\Delta t\right)\beta_k-\sqrt{\beta_k}\sqrt{\left(\frac{\mu\varepsilon}{\lambda}-\Delta t\right)^2\beta_k-4\Delta t}$$

$$\geq-2-2\frac{\mu\varepsilon}{\lambda}\beta_k$$

$$\Leftrightarrow 4+\left(\frac{3\mu\varepsilon}{\lambda}-\Delta t\right)\beta_k\geq\sqrt{\beta_k}\sqrt{\left(\frac{\mu\varepsilon}{\lambda}-\Delta t\right)^2\beta_k-4\Delta t}\geq0$$

En élevant au carré cette inégalité on obtient

$$r_-\geq-1\Rightarrow\frac{\mu\varepsilon}{\lambda}\left(\frac{2\mu\varepsilon}{\lambda}-\Delta t\right)\beta_k^2+\left(\frac{6\mu\varepsilon}{\lambda}-\Delta t\right)\beta_k+4\geq0. \tag{1.58}$$

Considérons le polynôme en β_k ci-dessus. Comme, d'après (1.57), $\Delta t>2\mu\varepsilon/\lambda$, ses racines sont réelles de signes opposés et données par $\beta_-=-\frac{\lambda}{\mu\varepsilon}$, $\beta_+=\frac{4}{\Delta t-\frac{2\mu\varepsilon}{\lambda}}$. D'après (1.57) on a $\Delta t>\frac{2\mu\varepsilon}{\lambda}$ et $\beta_+>0$ et on déduit de (1.58) que l'on doit avoir $\beta_k\leq\beta_+$. Or si $\beta_k\leq\beta_+$ pour tout k cela implique

$$\frac{2\lambda\Delta t}{\varepsilon\Delta x^2} \leq \frac{1}{\Delta t - 2\mu\frac{\varepsilon}{\lambda}},$$

ou encore

$$\lambda\Delta t^2 - 2\mu\varepsilon\Delta t - \frac{\varepsilon}{2}\Delta x^2 \leq 0.$$

On voit facilement en considérant le polynôme en Δt ci-dessus et ses 2 racines réelles que cette inégalité entraîne à son tour l'inégalité

$$\Delta t \leq \frac{\mu\varepsilon + \sqrt{\mu^2\varepsilon^2 + \frac{\lambda}{2}\varepsilon\Delta x^2}}{\lambda}$$

ce qui contredit (1.57). On a donc prouvé que $r_- < -1$, ce qui montre que le schéma n'est pas stable et achève cette démonstration. $\qquad\square$

Remarque 1.12. Faisons quelques remarques sur ce résultat de stabilité.
- En pratique on choisit en général ε de l'ordre de Δx, si bien que la dépendance du pas de temps par rapport au pas d'espace est en $\Delta x^{3/2}$.
- En absence de viscosité la condition de stabilité (1.54) devient

$$\Delta t \leq \sqrt{\frac{\varepsilon}{2\lambda}}\Delta x,$$

comme on pouvait s'y attendre au vu de l'équation des ondes (1.50) satisfaite par φ dans ce cas. Cette condition rejoint la condition trouvée dans [21] pour des écoulements a fort nombre de Reynolds.
- Pour des valeurs *grandes* de la viscosité (et/ou des valeurs *petites* de la tension superficielle), on trouve la condition

$$\Delta t \leq \frac{2\mu}{\lambda}\varepsilon$$

condition analogue à la condition trouvée dans [71]. Notons enfin que pour le schéma explicite qui utiliserait u^n au lieu de u^{n+1} dans l'équation pour φ ; la condition de stabilité serait plus exigeante. Dans le cas d'une viscosité nulle, par exemple, le schéma obtenu serait inconditionnellement instable (voir [19] pour plus de détails).

1.6.2 Schéma implicite

Un schéma implicite naturel pour le système (1.48)-(1.49) consiste à prendre φ^{n+1} au lieu de φ^n dans le membre de droite pour l'équation sur u. On obtient

$$\begin{cases} \dfrac{u_{\mathbf{j}}^{n+1} - u_{\mathbf{j}}^{n}}{\Delta t} - \mu \Delta_d u_{\mathbf{j}}^{n+1} = -\dfrac{\lambda}{\varepsilon} \Delta_d \varphi_{\mathbf{j}}^{n+1} \\[2mm] \dfrac{\varphi_{\mathbf{j}}^{n+1} - \varphi_{\mathbf{j}}^{n}}{\Delta t} + u_{\mathbf{j}}^{n+1} = 0 \\[2mm] u_j^0 = f_j, \ \varphi_j^0 = g_j, \end{cases} \tag{1.59}$$

Ce schéma nécessite l'inversion d'un système linéaire. Dans le cas du sytème d'origine (1.32)-(1.34) il requiert le calcul d'un point fixe, ce qui le rend coûteux. La contre-partie est dans le résultat suivant.

Proposition 1.13. *Le schéma (1.59) est inconditionnellement stable.*

Preuve. Dans la décomposition en mode de Fourier (1.51)-(1.52), et avec les notations de la preuve précédente, le schéma (1.59) s'écrit pour chaque mode k :

$$\delta_k \hat{u}_k^{n+1} - \beta_k \hat{\varphi}_k^{n+1} = u_k^n$$
$$\Delta t \hat{u}_k^{n+1} + \hat{\varphi}_k^{n+1} = \hat{\varphi}_k^n$$

ou encore

$$\begin{pmatrix} \hat{u}_k^{n+1} \\ \hat{\varphi}_k^{n+1} \end{pmatrix} = \frac{1}{\delta_k + \beta_k \Delta t} \begin{pmatrix} 1 & \beta_k \\ -\Delta t & \delta_k \end{pmatrix} \begin{pmatrix} \hat{u}_k^n \\ \hat{\varphi}_k^n \end{pmatrix} = A_k' \begin{pmatrix} \hat{u}_k^n \\ \hat{\varphi}_k^n \end{pmatrix}.$$

Les valeurs propres de A_k' sont les racines du polynôme

$$\left(\frac{1}{\delta_k + \beta_k \Delta t} - r \right)\left(\frac{\delta_k}{\delta_k + \beta_k \Delta t} - r \right) + \frac{\beta_k \Delta t}{\delta_k + \beta_k \Delta t} = r^2 - r\left(\frac{1 + \delta_k}{\delta_k + \beta_k \Delta t} \right) + \frac{1}{\delta_k + \beta_k \delta_k}.$$

Si son discriminant est négatif, ses racines ont comme module $(\delta_k + \beta_k \Delta t)^{-1} < 1$ et le système est stable.

Si son discriminant est positif, ses 2 racines sont positives, car de produit et somme positives, et la plus grande est donnée par

$$r_+ = \frac{1 + \delta_k + \sqrt{(1 - \delta_k)^2 - 4\beta_k \Delta t}}{2(\delta_k + \beta_k \Delta t)}.$$

Si $k = 0$ on vérifie facilement que $\hat{u}_0^n = \hat{u}_0^0$ et $\hat{\varphi}_0^n = \hat{\varphi}_0^0 - n\Delta t \hat{u}_0^0$. Si $k \neq 0$ alors $\beta_k > 0$ et

$$r_+ < \frac{1 + \delta_k + \delta_k - 1}{2\delta_k} = 1.$$

Le schéma est donc inconditionnellement stable. $\square$

1.6.3 Schéma semi-implicite

On a donc d'un côté un schéma explicite, simple à implémenter et peu coûteux, mais qui demande des pas de temps avec une dépendance en $\Delta x^{3/2}$ qui peuvent s'avérer très petits dans les cas à faible viscosité et/ou grande tension superficielle, et, d'un autre côté, un schéma implicite, de mise en oeuvre coûteuse mais inconditionnellement stable. Dans cette section on construit un schéma semi-explicite, de coût comparable à celui du schéma explicite mais avec de meilleures propriétés de stabilité.

Pour écrire ce nouveau schéma, on part du schéma implicite (1.59) pour écrire à partir de la première équation

$$u_{\mathbf{j}}^{n+1} = u_{\mathbf{j}}^n + \mu \Delta t \Delta_d u_{\mathbf{j}}^{n+1} - \frac{\lambda}{\varepsilon} \Delta t \Delta_d \varphi_{\mathbf{j}}^{n+1}.$$

Ce qui permet d'obtenir à partir de la deuxième équation

$$\varphi_{\mathbf{j}}^{n+1} = \varphi_{\mathbf{j}}^n - \Delta t u_{\mathbf{j}}^n + \mu \Delta t^2 \Delta_d u_{\mathbf{j}}^{n+1} + \frac{\lambda}{\varepsilon} \Delta t^2 \Delta_d \varphi_{\mathbf{j}}^{n+1}$$

L'idée est de calculer un prédicteur de φ^{n+1} en oubliant le terme en $\Delta_d u^{n+1}$ dans l'équation ci-dessus. En d'autres termes on commence par résoudre

$$\frac{\psi_{\mathbf{j}}^{n+1} - \varphi_{\mathbf{j}}^n}{\Delta t} - \frac{\lambda}{\varepsilon} \Delta t^2 \Delta_d \psi_{\mathbf{j}}^{n+1} = -u_{\mathbf{j}}^n \qquad (1.60)$$

puis l'équation sur u

$$\frac{u_{\mathbf{j}}^{n+1} - u_{\mathbf{j}}^n}{\Delta t} - \mu \Delta_d u_{\mathbf{j}}^{n+1} = -\frac{\lambda}{\varepsilon} \Delta_d \psi_{\mathbf{j}}^{n+1} \qquad (1.61)$$

et enfin l'équation de transport

$$\frac{\varphi_{\mathbf{j}}^{n+1} - \varphi_{\mathbf{j}}^n}{\Delta t} + u_{\mathbf{j}}^{n+1} = 0. \qquad (1.62)$$

On peut remarquer que (1.60) consiste en un pas de temps d'un schéma implicite pour une équation de diffusion, avec condition initiale φ^n et coefficient de diffusion $\Delta t \lambda/\varepsilon$. Par rapport au schéma explicite vu précédemment, ψ^{n+1} peut être vu comme une perturbation de φ^n pour le calcul de la force de tension superficielle dans le fluide.

Il est aussi important de noter que le transport de l'interface reste assuré par l'équation de transport originale (1.62) et que ψ^{n+1} n'intervient que de manière auxiliaire pour le calcul du membre de droite de l'équation pour u (ou pour l'équation de Navier-Stokes lorsque le schéma est utilisé sur le modèle complet).

La justification de ce schéma est donnée par la

Proposition 1.14. *Le schéma semi-explicite défini par les équations (1.60), (1.61) et (1.62) est inconditionnellement stable.*

Preuve. On rappelle les notations déjà introduites pour les schémas précédents :

$$\alpha_k = \sin^2\left(\frac{k_1 \Delta x}{2}\right) + \sin^2\left(\frac{k_2 \Delta x}{2}\right),$$

$$\beta_k = \frac{4\lambda \Delta t}{\varepsilon \Delta x^2}\alpha_k, \quad \delta_k = 1 + \frac{4\mu \Delta t}{\Delta x^2}\alpha_k = 1 + \frac{\mu\varepsilon}{\lambda}\beta_k.$$

Le schéma (1.60),(1.61),(1.62) se traduit en décomposition de Fourier par le système

$$\hat{\psi}_k^{n+1}(1 + \Delta t \beta_k) = \hat{\varphi}_k^n - \Delta t \hat{u}_k^n \tag{1.63}$$

$$\delta_k \hat{u}_k^{n+1} = \hat{u}_k^n + \beta_k \hat{\psi}_k^{n+1} \tag{1.64}$$

$$\hat{\varphi}^{n+1} = \hat{\varphi}_k^n - \Delta t \hat{u}_k^{n+1} \tag{1.65}$$

ou, sous forme matricielle après substitution de la première équation dans la seconde

$$A_k \begin{pmatrix} \hat{u}_k^{n+1} \\ \hat{\varphi}_k^{n+1} \end{pmatrix} = B_k \begin{pmatrix} \hat{u}_k^n \\ \hat{\varphi}_k^n \end{pmatrix}$$

avec

$$A_k = \begin{pmatrix} \delta_k & 0 \\ \Delta t & 1 \end{pmatrix} \qquad B_k = \begin{pmatrix} \frac{1}{1+\Delta t \beta_k} & \frac{\beta_k}{1+\Delta t \beta_k} \\ 0 & 1 \end{pmatrix}.$$

Pour $k = 0$, alors $\delta_0 = 1$ et $\beta_0 = 0$ et on voit facilement que

$$\left[A_0^{-1} B_0\right]^n = \begin{pmatrix} 1 & 0 \\ -n\Delta t & 1 \end{pmatrix}$$

et le système est stable pour ce mode.

Regardons donc le cas $k \neq 0$. Les valeurs propres de $A_k^{-1}B_k$ sont les solutions de $\det(A_k^{-1}B_k - r\mathbb{I}) = 0$ ou encore $\det(B_k - rA_k) = 0$ Ce qui conduit à l'équation

$$\beta_k'\delta_k' r^2 - r[1 + \beta_k'\delta_k' - \Delta t \beta_k] + 1 = 0$$

où on a posé $\beta_k' = 1 + \Delta t \beta_k$. Le produit des racines $r_1 r_2$ est égal à $1/(\beta_k'\delta_k') < 1$ pour $k \neq 0$. Si les racines sont complexes elles sont donc de module strictement inférieur à 1. Si elles sont réelles elles sont de même signe, positives car leur somme est égale $1 + \beta_k'\delta_k - \Delta t \beta_k = 2 + \delta_k + \Delta t \beta_k \delta_k > 0$. On peut de plus écrire, pour $\Delta t > 0$,

$$r_i \leq \frac{1 + \beta'_k \delta_k - \Delta t \beta_k + \sqrt{(1 + \beta'_k \delta_k - \Delta t \beta_k)^2 - 4\beta'_k \delta_k}}{2\beta'_k \delta_k}$$

$$< \frac{1 + \beta'_k \delta_k + \sqrt{(1 + \beta'_k \delta_k)^2 - 4\beta'_k \delta_k}}{2\beta'_k \delta_k}$$

$$< \frac{1 + \beta'_k \delta_k + \sqrt{(1 - \beta'_k \delta_k)^2}}{2\beta'_k \delta_k} = 1.$$

Le rayon spectral de $A_k^{-1} B_k$ est donc strictement inférieur à 1 et le système est stable. $\qquad\square$

Nous donnerons des illustrations numériques de ces résultats au chapitre suivant en même temps que pour les schémas correspondants dans le cadre plus large de l'interaction d'un fluide avec une membrane élastique.

Chapitre 2
Outils mathématiques pour la mécanique des milieux continus

Dans ce chapitre nous donnons un certain nombre de définitions et de résultats mathématiques relatifs aux notions de trajectoires dans un champ de vitesses régulier. Nous rappelons ensuite certains principes de conservation de la mécanique des milieux continus.

Nous nous plaçons sous l'hypothèse sur le champ de vitesse régulier :

$$(H) \qquad u \in \mathcal{C}^1(\overline{\Omega} \times [0,T]) \text{ et } u = 0 \text{ sur } \partial\Omega \times [0,T]$$

où $[0,T]$ est un intervalle de temps fixé.

2.1 Caractéristiques et flots associés à un champ de vitesse

Commençons par donner quelques notations et rappeler des résultats élémentaires de calcul différentiel relatifs aux trajectoires associées à un champ de vitesse.

On note pour une fonction f de $\mathbb{R}^d$ dans $\mathbb{R}$, Df sa différentielle et ∇f son gradient. On a donc pour tout $h \in \mathbb{R}^d$, $Df(x)(h) = \nabla f(x) \cdot h$. Pour un champ de vecteurs $v : \mathbb{R}^d \to \mathbb{R}^d$, $[Dv]$ est la différentielle de v, c'est à dire l'application linéaire de matrice $\nabla v = [\partial_{x_j} v_i]_{i,j}$. Avec ces notations, pour $\varphi : \mathbb{R}^d \to \mathbb{R}$, $v : \mathbb{R}^d \to \mathbb{R}^d$ et $X : \mathbb{R}^d \times]0,T[\to \mathbb{R}^d$ on a les formules de dérivations composées suivantes :

$$\partial_t(\varphi(X)) = \nabla\varphi(X) \cdot \partial_t X,$$

$$\nabla(\varphi(X)) = [\nabla X]^T (\nabla\varphi)(X),$$

$$\nabla(v(X)) = [\nabla v](X)[\nabla X],$$

où l'on a noté multiplicativement la composition des applications.

G.-H. Cottet et al., *Méthodes Level Set pour l'interaction fluide-structure*, Mathématiques et Applications 86, https://doi.org/10.1007/978-3-030-70075-1_2

Pour $\xi \in \Omega$ et $s \in]0,T]$, On note $\tau \to X(\tau;\xi,s)$ la solution du système différentiel

$$\partial_\tau X = u(X,\tau)$$

muni de la condition initiale

$$X(s) = \xi.$$

La solution de ce système existe et est unique dans le cadre classique par exemple sous l'hypothèse que le champ de vitesse est lipschitzien en x, uniformément en t. La condition de non-glissement au bord faite sur le champ de vitesses implique que ces trajectoires n'atteignent pas le bord du domaine. Des solutions plus générales, définies presque partout, ont été introduites par Lions et DiPerna [52]. Nous nous sommes placés dans le cadre d'un champ de vitesse régulier (hypothèse (H), qui est plus forte que u uniformément lipschitzien car Ω est borné), de sorte que nous considérons ici des solutions classiques.

L'interprétation physique de $X(\tau;\xi,s)$ est la position à l'instant τ d'une particule du milieu continu située à l'instant s à la position ξ. Commençons par le résultat suivant :

Lemme 2.1. *Sous l'hypothèse (H) on a*

$$\forall (t_1,t_2) \in [0,T]^2, \, \forall x \in \Omega, \qquad X(t_1;X(t_2;x,t_1),t_2) = x.$$

Preuve. Soit $\xi = X(t_2;x,t_1)$. Alors $X(\tau;\xi,t_2)$ est solution du système différentiel $\partial_\tau X = u(X,\tau)$ muni de la condition $X(t_2) = \xi$. Mais $X(\tau;x,t_1)$ est solution du même système et vérifie $X(t_2;x,t_1) = \xi$. D'après (H) la solution de ce système est unique donc $X(\tau;x,t_1) = X(\tau;\xi,t_2)$. En particulier nous avons l'identité annoncée en $\tau = t_1$, puisque $X(t_1;x,t_1) = x$. $\qquad \square$

La propriété ci-dessus nous indique que la transformation $x \to X(t_1;x,t_2)$ est inversible, d'inverse $X(t_2;\cdot,t_1)$. En fait nous avons plus :

Proposition 2.2. *L'application $x \to X(t_1;x,t_2)$ est un $\mathcal{C}^1$-difféomorphisme de Ω dans lui-même. Son jacobien $J(t_1;x,t_2)$, continu en x, est strictement positif, tel que $t \to J(t;x,t_2)$ est de classe $\mathcal{C}^1$ et vérifie*

$$\partial_t J(t_1;x,t_2) = (\operatorname{div} u)(X(t_1;x,t_2),t_1)J(t_1;x,t_2).$$

Preuve. L'inversibilité de $x \to X(t_1;x,t_2)$ provient du lemme ci-dessus. La régularité $\mathcal{C}^1$ de X est classique sous les hypothèses faites sur u ; cela correspond en effet à un résultat de régularité de la solution d'un système différentiel par rapport à des paramètres. Pour voir ceci, posons

$Z(\tau;x,t) = X(\tau+t;x,t) - x$. Le système différentiel en X est équivalent au système différentiel $\partial_\tau Z = u(Z+x,\tau+t)$ avec la condition initiale $Z(0) = 0$. Comme u a été supposé de classe $\mathcal{C}^1$ en (x,t), on en déduit que X est de classe $\mathcal{C}^1$ par rapport à (τ,x,t), en appliquant, par exemple, le théorème page 286 de [48] ou le théorème 3.6.1 page 151 de [28]. On pourra aussi consulter [49], pages 182 à 192. En différentiant la relation du lemme 1 par rapport à x, on obtient

$$[DX](t_1; X(t_2;\xi,t_1),t_2)[DX](t_2;x,t_1) = \mathbb{I}_d,$$

où $\mathbb{I}_d$ représente la matrice identité de $M_d(\mathbb{R})$. Soit, en prenant le déterminant,

$$J(t_2;x,t_1)J(t_1; X(t_2;\xi,t_1),t_2) = 1,$$

ce qui prouve que J ne s'annule pas. A (x,t) fixé, comme $\tau \to \nabla_x X(\tau;x,t)$ vérifie $\partial_\tau M = \nabla_x u(X(\tau;x,t),\tau)M$ et $M(t) = \mathbb{I}_d$, et que $\tau \to \nabla_x u(X(\tau;x,t),\tau)$ est continu, $\tau \to \nabla_x X(\tau;x,t)$ et donc $\tau \to J(\tau;x,t)$ sont de classe $\mathcal{C}^1$. Comme $J(t;x,t) = 1$, et que J ne s'annule pas, il est toujours strictement positif. Pour obtenir la formule de dérivation annoncée, nous utilisons le lemme élémentaire suivant

Lemme 2.3. *Soit $A : (0,T) \to M_d(\mathbb{R})$ un champ de matrices de classe $\mathcal{C}^1$ sur $(0,T)$, on a*

$$\frac{d}{dt} \det A(t) = \mathrm{tr}(Cof(A)^T A'(t)),$$

où $Cof(A)$ est la matrice des cofacteurs de A. Si A est à valeurs dans l'ensemble des matrices inversibles, l'expression ci-dessus devient

$$\frac{d}{dt} \det A(t) = \det A(t) \, \mathrm{tr}(A^{-1}(t)A'(t)).$$

Ce lemme se démontre simplement en développant le déterminant pour obtenir la relation $\det(A + tE_{ij}) = \det(A) + t[Cof(A)]_{ij}$ où E_{ij} désigne les vecteurs de la base canonique des matrices. En en déduit alors $\det'(A)(H) = \sum_{i,j}[\mathrm{Cof}(A)]_{ij}H_{ij} = \mathrm{Tr}(\mathrm{Cof}(A)^T H) = \det(A)\,\mathrm{Tr}(A^{-1}H)$.
En appliquant ce lemme pour $A(t) = \nabla_\xi X(t;x,t_2)$ on a

$$\partial_t(\det(\nabla_\xi X(t;\xi,t_2))) = \det(\nabla_\xi X) \, \mathrm{Tr}([\nabla_\xi X]^{-1} \nabla_\xi (u(X(t,\xi),t)))$$
$$= \det(\nabla_\xi X) \, \mathrm{div}(u)(X(t,\xi),t).$$

$\square$

Remarque 2.4. Il sera intéressant dans la suite de considérer la fonction $t \to X(\tau;x,t)$, à τ et x fixés. Si nous dérivons l'identité démontrée au lemme 1 : $X(\tau; X(t;x,\tau),t) = x$ par rapport à t nous obtenons

$$\partial_t X(\tau; X(t; x, \tau), t) + [DX](\tau; X(t; x, \tau), t) \partial_\tau X(t; x, \tau) = 0.$$

D'autre part $\partial_\tau X(\tau; x, t) = u(X(\tau; x, t), \tau)$ et on remarque que $[DX]u$ peut se réécrire sous la forme $u \cdot \nabla X$. En renommant $X(\tau; x, t)$ en x, on obtient donc

$$\partial_t X(\tau; x, t) + u(x, t) \cdot \nabla X(\tau; x, t) = 0. \tag{2.1}$$

La fonction $(x, t) \to X(\tau; x, t)$ vérifie donc l'équation de transport $\partial_t X + u \cdot \nabla X = 0$ accompagnée de la condition initiale en $t = \tau$: $X(\tau; x, \tau) = x$.

Avec ces notations, on appelle variables lagrangiennes (t, ξ), et variables eulériennes (x, t) où $x = X(t; \xi, 0)$. On notera pour simplifier dans la suite cette quantité $X(t, \xi)$. A noter que de manière symétrique, on a d'aprés le lemme ci-dessus $\xi = X(0; x, t)$. Cette dernière quantité sera notée pour simplifier $Y(x, t)$. L'ordre des variables temporelle et spatiales dans ces deux versions de caractéristiques est volontaire afin de refléter l'aspect système dynamique des coordonnées lagrangiennes.

La régularité du changement de variables eulérien-lagrangien dans notre cadre permet donc de passer d'une représentation à l'autre très simplement.

Pour résumer les propriétés de ces fonctions qui seront utilisées constamment dans la suite, nous avons

$$X(t, Y(x, t)) = x, \qquad\qquad Y(X(t, \xi), t) = \xi, \tag{2.2}$$

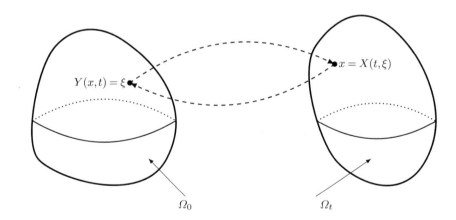

Fig. 2.1: Configuration initiale et déformée

et

$$\partial_t X = u(X, t), \qquad X(0, \xi) = \xi, \tag{2.3}$$

$$\partial_t Y + (u \cdot \nabla) Y = 0, \qquad Y(x,0) = x. \tag{2.4}$$

En dérivant (2.2) par rapport à x ou ξ on obtient

$$[\nabla_\xi X(t,\xi)] = [\nabla_x Y(x,t)]^{-1}. \tag{2.5}$$

Cette relation est le point clé de la formulation eulérienne de l'élasticité car le gradient de déformation lagrangien est calculé à l'aide des caractéristiques rétrogrades, qui elles-mêmes sont des fonction Level Set pour le flot sous-jacent.

Les déterminants de ces matrices jacobiennes vérifient des équations duales. D'après la proposition 2.2 le déterminant $J(t,\xi) = \det(\nabla_\xi X(t,\xi))$ vérifie une équation de flot,

$$\partial_t J(t,\xi) = J(t,\xi)(\operatorname{div} u)(X(t,\xi),t) \tag{2.6}$$

alors que son analogue eulérien (noter l'ordre des variables) $J(x,t) = \det(\nabla_x Y(x,t))$ tel que $J(t,\xi) = J(x,t)^{-1}$ pour $x = X(t,\xi)$ vérifie une équation de conservation,

$$\partial_t J(x,t) + \operatorname{div}(J(x,t)u(x,t)) = 0. \tag{2.7}$$

2.2 Changements de variables

Sous l'hypothèse (H), d'après la proposition 2.2, les applications $X(t,\cdot)$ ne changent pas l'orientation c'est à dire

$$J(t,\xi) = \det(\nabla_\xi X(t,\xi)) > 0.$$

Cette relation permettra d'enlever les valeurs absolues des jacobiens dans les changements de variables d'intégrales de volume.

Proposition 2.5. *Soit une fonction $f : \mathbb{R}^3 \to \mathbb{R}$ régulière sur un volume ω_t de $\mathbb{R}^3$ image par une application régulière X d'un volume ω_0 de $\mathbb{R}^3$. Alors on a la formule de changement de variables*

$$\int_{\omega_t = X(t,\omega_0)} f(x,t)dx = \int_{\omega_0} f(X(t,\xi),t) \det(\nabla_\xi X(t,\xi)) \, d\xi. \tag{2.8}$$

Preuve. Considérons une base (e_1, e_2, e_3) de $\mathbb{R}^3$. L'élément de volume $d\xi$ du parallélépipède associé est donnée par le produit mixte ou le déterminant des trois vecteurs dans la configuration initiale d'où $d\xi = (e_1 \times e_2) \cdot e_3 = \det(e_1, e_2, e_3)$. Ces vecteurs sont transformés dans la configuration déformée en $a_i = [\nabla_\xi X]e_i$ car

$$X(\xi + h) = X(\xi) + [\nabla_\xi X]h + o(h) \tag{2.9}$$

L'élément de volume dx dans la configuration déformée s'écrit

$$dx = \det(a_1, a_2, a_3) = \det([\nabla_\xi X]e_1, [\nabla_\xi X]e_2, [\nabla_\xi X]e_3)$$
$$= \det([\nabla_\xi X])\det(e_1, e_2, e_3) = \det([\nabla_\xi X]) \, d\xi.$$

□

Pour des surfaces, la formule générale de changement de variables est donnée par la proposition suivante :

Proposition 2.6. *Soit une fonction* $f : \mathbb{R}^3 \to \mathbb{R}$ *régulière sur une surface régulière* S_t *de* $\mathbb{R}^3$ *image par une application régulière* X *d'une surface régulière* S_0 *de* $\mathbb{R}^3$. *Alors on a la formule de changement de variables*

$$\int_{X(S_0,t)=S_t} f(x,t) \, ds = \int_{S_0} f(X(t,\xi),t) |\operatorname{Cof}(\nabla_\xi X(t,\xi)) n_0(\xi)| \, ds_0 \tag{2.10}$$

où n_0 *est un champ de vecteurs unitaires normal à* S_0.

Preuve. Cette formule se justifie en se ramenant à un ouvert de $\mathbb{R}^2$ à l'aide d'une paramétrisation. On considère les vecteurs e_1 et e_2 associés à la paramétrisation dans la configuration initiale. Ces vecteurs forment une base du plan tangent et se calculent en prenant les dérivées de la paramétrisation. On a alors $n_0(\xi) = e_1 \times e_2/|e_1 \times e_2|$ et l'élément de surface dans la configuration initiale s'écrit $ds_0 = |e_1 \times e_2|$. Ces vecteurs sont transformés dans la configuration déformée en les vecteurs $a_i = [\nabla_\xi X]e_i$, et pour tout vecteur v

$$([\nabla_\xi X]e_1 \times [\nabla_\xi X]e_2) \cdot [\nabla_\xi X]v = \det([\nabla_\xi X]e_1, [\nabla_\xi X]e_2, [\nabla_\xi X]v)$$
$$= \det([\nabla_\xi X])(e_1 \times e_2) \cdot v.$$

On en déduit

$$a_1 \times a_2 = [\nabla_\xi X]e_1 \times [\nabla_\xi X]e_2 = \operatorname{Cof}([\nabla_\xi X])(e_1 \times e_2).$$

On a donc

$$n(X(t,\xi),t) = \frac{a_1 \times a_2}{|a_1 \times a_2|} = \frac{\operatorname{Cof}(\nabla_\xi X(t,\xi)) n_0(\xi)}{|\operatorname{Cof}(\nabla_\xi X(t,\xi)) n_0(\xi)|} \tag{2.11}$$

et l'élément de surface ds dans la configuration déformée s'écrit

$$ds = |a_1 \times a_2| = |\operatorname{Cof}([\nabla_\xi X]) n_0||e_1 \times e_2| = |\operatorname{Cof}([\nabla_\xi X]) n_0| \, ds_0.$$

On peut en déduire facilement, pour un champ de matrices σ,

$$\int_{X(S_0,t)=S_t} \sigma(x,t)n(x,t)\,ds =$$

$$\int_{S_0} \sigma(X(t,\xi),t)\operatorname{Cof}(\nabla_\xi X(t,\xi))n_0(\xi)ds_0, \qquad (2.12)$$

où $n(x,t)$ désigne la normale en $x \in S_t$ et $n_0(\xi)$ désigne la normale en $\xi \in S_0$.

$\square$

Pour des courbes, la formule générale de changement de variable est donnée par la proposition suivante :

Proposition 2.7. *Soit une fonction $f : \mathbb{R}^3 \to \mathbb{R}$ régulière sur une courbe régulière Γ_t de $\mathbb{R}^3$ image par une application régulière X d'une courbe régulière Γ_0 de $\mathbb{R}^3$. Alors on a la formule de changement de variables*

$$\int_{X(\Gamma_0,t)=\Gamma_t} f(x,t)\,dl = \int_{\Gamma_0} f(X(t,\xi),t)|\nabla_\xi X(t,\xi)\tau_0(\xi)|\,dl_0, \quad (2.13)$$

où τ_0 est un champ de vecteurs unitaires tangents à Γ_0.

Preuve. Cette formule se justifie en se ramenant par une paramétrisation à un ouvert de $\mathbb{R}$. On considère e_1 le vecteur tangent dans la configuration initiale. Ce vecteur se calcule en prenant la dérivée de la paramétrisation. Un vecteur tangent unitaire s'écrit $\tau_0(\xi) = e_1/|e_1|$ et l'élément de longueur dans la configuration initiale est $dl_0 = |e_1|$. Le vecteur e_1 est transformé dans la configuration déformée en $a_1 = [\nabla_\xi X]e_1$. On obtient la relation suivante

$$\tau(X(t,\xi),t) = \frac{a_1}{|a_1|} = \frac{[\nabla_\xi X]\tau_0(\xi)}{|[\nabla_\xi X]\tau_0(\xi)|} \qquad (2.14)$$

et l'élément de longueur dl dans la configuration déformée s'écrit

$$dl = |a_1| = |[\nabla_\xi X]e_1| = |[\nabla_\xi X]\tau_0|\,dl_0$$

$\square$

Remarque 2.8. Dans le cas bidimensionnel nous avons correspondance entre (2.13) et (2.10) car

$$|\operatorname{Cof}([\nabla_\xi X])n_0| = |[\nabla_\xi X]\tau_0|.$$

En effet, en élevant au carré cette identité on obtient, avec la notation $C = [\nabla_\xi X]^T[\nabla_\xi X]$

$$\det(C)(C^{-1}n_0)\cdot n_0 = (C\tau_0)\cdot \tau_0.$$

On conclut en utilisant la relation $\tau_0 \otimes \tau_0 = \mathbb{I} - n_0 \otimes n_0$ et l'identité de Cayley Hamilton pour les matrices de taille deux $A - \operatorname{Tr}(A)I + \det(A)A^{-1} = 0$.

Dans toute la suite, on considère un domaine volumique ω_0 qui évolue dans le temps avec le champ de vitesses $u(x,t)$ vérifiant (H) c'est à dire qu'on a $X(t,\omega_0) = \omega_t$. Pour obtenir les équations du milieu continu, on appliquera les principes de mécanique à ce volume ω_t. Les variations de quantités telles que la masse, la quantité de mouvement ou l'énergie dans le volume ω_t seront donc effectuées à l'aide de dérivées temporelles.

2.3 Formules de Reynolds

Les formules de Reynolds que nous rappelons et démontrons ci-dessous sont à la base de la transcription sous forme d'équations aux dérivées partielles des principes de conservation de la mécanique des milieux continus qui seront énoncés dans les sections suivantes.

Proposition 2.9. *Soit un ouvert $\omega_0 \subset \Omega$, et soit $\omega_t = X(t,\omega_0)$. Soit $f \in \mathcal{C}^1(\overline{\Omega} \times [0,T])$, alors*

$$\frac{d}{dt}\int_{\omega_t} f(x,t)\,dx = \int_{\omega_t} \partial_t f + \mathrm{div}(fu)\,dx. \qquad (2.15)$$

Preuve. En effet, d'après (2.8),

$$\frac{d}{dt}\int_{\omega_t} f(x,t)\,dx = \frac{d}{dt}\int_{\omega_0} f(X(t,\xi),t)J(t,\xi)\,d\xi$$

$$= \int_{\omega_0} (\partial_t X(t,\xi)\cdot\nabla f(X(t,\xi),t) + \partial_t f(X(t,\xi),t))J(t,\xi)$$

$$+ f(X(t,\xi),t)\partial_t J(t,\xi)\,d\xi.$$

D'après la proposition 2.2 nous avons donc

$$\frac{d}{dt}\int_{\omega_t} f(x,t)\,dx = \int_{\omega_0} (u(X(t,\xi),t)\cdot\nabla f(X(t,\xi),t) + \partial_t f(X(t,\xi),t))J(t,\xi)$$

$$+ f(X(t,\xi),t)(\mathrm{div}\,u)(X(t,\xi),t)J(t,\xi)\,d\xi$$

$$= \int_{\omega_0} (\partial_t f + \mathrm{div}(fu))(X(t,\xi),t)J(t,\xi)\,d\xi = \int_{\omega_t} \partial_t f + \mathrm{div}(fu)\,dx.$$

$\square$

On dispose d'un résultat analogue pour une surface se déplaçant avec le milieu continu :

Proposition 2.10. *Soit S_0 une hypersurface régulière incluse dans Ω et $S_t = X(t, S_0)$. Soit $f \in \mathcal{C}^1(\overline{\Omega} \times [0, T])$, alors*

$$\frac{d}{dt} \int_{S_t} f(x, t) \, ds = \int_{S_t} \partial_t f + \operatorname{div}(fu) - f(\nabla u \, n) \cdot n \, ds, \qquad (2.16)$$

où n est un champ de vecteurs unitaires normal à S_t.

Preuve. En effet en utilisant la formule de changement de variable (2.12),

$$\frac{\mathrm{d}}{\mathrm{d}t} \left(\int_{S_t} f(x, t) \, ds \right)$$

$$= \int_{S_0} \partial_t (f(X(t, \xi), t) \det([\nabla_\xi X(t, \xi)])) |[\nabla_\xi X(t, \xi)]^{-T} n_0(\xi)| \, ds_0$$

$$+ \int_{S_0} f(X(t, \xi), t) \det([\nabla_\xi X(t, \xi)]) \partial_t (|[\nabla_\xi X(t, \xi)]^{-T} n_0(\xi)|) \, ds_0.$$

Pour le premier terme on utilise les calculs précédents

$$\partial_t (f(X(t, \xi), t) \det([\nabla_\xi X(t, \xi)]))$$
$$= (\partial_t f + u \cdot \nabla f + f \operatorname{div}(u))(X(t, \xi), t) \det([\nabla_\xi X(t, \xi)]).$$

Nous avons, avec $(A^{-1})'(t) = -A^{-1}(t) A'(t) A^{-1}(t)$ et $\partial_t [\nabla_\xi X] = [\nabla u][\nabla_\xi X]$,

$$\partial_t ([\nabla_\xi X(t, \xi)]^{-T}) = -[\nabla_\xi X(t, \xi)]^{-T} \partial_t ([\nabla_\xi X(t, \xi)]^T)[\nabla_\xi X(t, \xi)]^{-T} \quad (2.17)$$

$$= [\nabla_x u]^T (X(t, \xi), t)[\nabla_\xi X(t, \xi)]^{-T}. \qquad (2.18)$$

Pour le deuxième terme, en utilisant (2.18), on écrit

$$\partial_t (|[\nabla_\xi X(t, \xi)]^{-T} n_0(\xi)|) =$$

$$(\partial_t ([\nabla_\xi X(t, \xi)]^{-T}) n_0(\xi)) \cdot \frac{[\nabla_\xi X(t, \xi)]^{-T} n_0(\xi)}{|[\nabla_\xi X(t, \xi)]^{-T} n_0(\xi)|}$$

$$= -\left([\nabla_x u]^T (X(t, \xi), t) \frac{[\nabla_\xi X(t, \xi)]^{-T} n_0(\xi)}{|[\nabla_\xi X(t, \xi)]^{-T} n_0(\xi)|} \right) \cdot [\nabla_\xi X(t, \xi)]^{-T} n_0(\xi).$$

En utilisant (2.11), on obtient

$$\partial_t (|[\nabla_\xi X(t, \xi)]^{-T} n_0(\xi)|) = -(([\nabla_x u] n) \cdot n)(X(t, \xi), t)|[\nabla_\xi X(t, \xi)]^{-T} n_0(\xi)|.$$

En mettant bout à bout les résultats précédents nous obtenons

$$\frac{\mathrm{d}}{\mathrm{d}t}\left(\int_{S_t} f(x,t)ds\right) = \int_{S_0} (\partial_t f + u\cdot\nabla f + f\,\mathrm{div}(u) - f([\nabla u]n)\cdot n)(X(t,\xi),t)$$

$$|\mathrm{Cof}([\nabla_\xi X(t,\xi))\,n_0(\xi)|\,ds_0.$$

En effectuant le changement de variable (2.12), on obtient la formule de Reynolds surfacique (2.16).   □

On dispose d'un résultat analogue pour une courbe se déplaçant avec le milieu continu :

Proposition 2.11. *Soit Γ_0 une courbe régulière incluse dans $\Omega \subset \mathbb{R}^3$ et $\Gamma_t = X(t,\Gamma_0)$. Soit $f \in \mathcal{C}^1(\overline{\Omega}\times[0,T])$, alors*

$$\frac{d}{dt}\int_{\Gamma_t} f(x,t)\,dl = \int_{\Gamma_t} \partial_t f + u\cdot\nabla f + (\nabla u\,\tau)\cdot\tau\,dl, \qquad (2.19)$$

où τ est un champ de vecteurs unitaires tangent à Γ_t.

Preuve. En utilisant la formule de changement de variable (2.13)

$$\frac{\mathrm{d}}{\mathrm{d}t}\left(\int_{\Gamma_t} f(x,t)\,dl\right) = \int_{\Gamma_0} \partial_t(f(X(t,\xi),t))|[\nabla_\xi X(t,\xi)]\tau_0(\xi)|$$

$$+ f(X(t,\xi),t)\partial_t(|[\nabla_\xi X(t,\xi)]\tau_0(\xi)|)\,dl_0.$$

Pour le premier terme on utilise les calculs précédents, ce qui donne

$$\partial_t(f(X(t,\xi),t)) = (\partial_t f + u\cdot\nabla f)(X(t,\xi),t).$$

Pour le deuxième terme, en utilisant $\partial_t[\nabla_\xi X] = [\nabla_x u][\nabla_\xi X]$, on obtient

$$\partial_t(|[\nabla_\xi X(t,\xi)]\tau_0(\xi)|) = (\partial_t([\nabla_\xi X(t,\xi)])\tau_0(\xi))\cdot\frac{[\nabla_\xi X(t,\xi)]\tau_0(\xi)}{|[\nabla_\xi X(t,\xi)]\tau_0(\xi)|}$$

$$= \left([\nabla_x u](X(t,\xi),t)\frac{[\nabla_\xi X(t,\xi)]\tau_0(\xi)}{|[\nabla_\xi X(t,\xi)]\tau_0(\xi)|}\right)\cdot[\nabla_\xi X(t,\xi)]\tau_0(\xi).$$

On déduit ensuite de (2.14)

$$\partial_t(|[\nabla_\xi X(t,\xi)]\tau_0(\xi)|) = ([\nabla_x u]\tau\cdot\tau)(X(t,\xi),t)|[\nabla_\xi X(t,\xi)]\tau_0(\xi)|.$$

En mettant bout à bout les résultats précédents, nous obtenons

$$\frac{\mathrm{d}}{\mathrm{d}t}\left(\int_{\Gamma_t} f(x,t)\,dl\right)$$

$$= \int_{\Gamma_0} (\partial_t f + u\cdot\nabla f + f([\nabla u]\tau)\cdot\tau)(X(t,\xi),t)|[\nabla_\xi X(t,\xi)]\tau_0(\xi)|\,dl_0$$

Il reste à effectuer le changement de variable (2.13) pour obtenir la formule de Reynolds linéique (2.19). □

Remarque 2.12. Dans le cas bidimensionnel on a $\tau \otimes \tau = \mathbb{I} - n \otimes n$. Il y a donc correspondance entre (2.19) et (2.16).

2.4 Conservation de la masse

Pour finir ce chapitre on rappelle dans cette section et la suivante quelques principes de conservation de la mécanique ainsi que leur formulation eulérienne et lagrangienne.

2.4.1 Conservation de la masse en eulérien

La conservation de la masse stipule que la variation de masse d'un volume ω_t est indépendant du temps :

$$\frac{\mathrm{d}}{\mathrm{d}t}\left(\int_{\omega_t} \rho(x,t)dx\right) = 0.$$

En utilisant la formule de Reynolds (2.15) avec $f = \rho$ on obtient la conservation de la masse dans la configuration déformée

$$\partial_t \rho + \mathrm{div}(\rho u) = 0. \tag{2.20}$$

2.4.2 Conservation de la masse en lagrangien

Il suffit de se ramener à la configuration de référence avec (2.8)

$$\frac{\mathrm{d}}{\mathrm{d}t}\left(\int_{\omega_0} \rho(X(t,\xi),t)\det(\nabla_\xi X(t,\xi))d\xi\right) = 0. \tag{2.21}$$

que l'on peut écrire, puisque $X(0,\xi) = \xi$,

$$\rho(X(t,\xi),t)\det(\nabla_\xi X(t,\xi)) = \rho_0(\xi). \tag{2.22}$$

2.5 Conservation de la quantité de mouvement

D'après le principe fondamental de la dynamique, la variation de la quantité de mouvement d'un système est égale à la somme des forces extérieures s'exerçant sur ce système.

2.5.1 Conservation de la quantité de mouvement en eulérien

On applique ce principe à un volume ω_t. Les forces extérieures sont volumiques notées $f(x,t)$ (elles s'appliquent sur ω_t) ou surfaciques (elles s'appliquent sur $\partial\omega_t$). Le principe de Cauchy montre que les forces surfaciques s'écrivent $\sigma(x,t)n(x,t)$. L'équilibre des moments permet de plus de montrer que σ est symétrique.

$$\frac{\mathrm{d}}{\mathrm{d}t}\left(\int_{\omega_t}\rho(x,t)u(x,t)dx\right) = \int_{\partial\omega_t}\sigma(x,t)n(x,t)\,ds + \int_{\omega_t}f(x,t)dx \qquad (2.23)$$

La formule de Reynolds (2.15) avec $f = \rho u$ donne

$$\frac{\mathrm{d}}{\mathrm{d}t}\left(\int_{\omega_t}\rho u dx\right) = \int_{\omega_t}\partial_t(\rho u) + \mathrm{div}(\rho u \otimes u)dx \qquad (2.24)$$

En utilisant le théorème de Stokes sur le terme surfacique on obtient les équations eulériennes sur la configuration déformée ω_t

$$\partial_t(\rho u) + \mathrm{div}(\rho u \otimes u) = \mathrm{div}(\sigma) + f. \qquad (2.25)$$

En développant et en utilisant la conservation de la masse (2.20

$$(\rho u)_t + \mathrm{div}(\rho u \otimes u) = \rho(\partial_t u + (u\cdot\nabla)u) + u(\partial_t\rho + \mathrm{div}(\rho u)) = \rho(\partial_t u + (u\cdot\nabla)u).$$

Les équations de conservation de la quantité de mouvement se réécrivent

$$\rho(\partial_t u + (u\cdot\nabla)u) = \mathrm{div}(\sigma) + f \qquad (2.26)$$

2.5.2 Conservation de la quantité de mouvement en lagrangien

Pour passer à une représentation lagrangienne il suffit de réécrire les équations précédentes sur la configuration de référence. Pour la force volumique, on utilise (2.8)

$$\int_{\omega_t} f(x,t)dx = \int_{\omega_0} f(X(t,\xi),t)\det(\nabla_\xi X(t,\xi))d\xi$$

Pour la force surfacique on utilise le changement de variable pour les surfaces (2.12)

$$\int_{\partial\omega_t} \sigma(x,t)n(x,t)\,ds = \int_{\partial\omega_0} \sigma(X(t,\xi),t)\operatorname{Cof}(\nabla_\xi X(t,\xi))n_0(\xi)\,ds_0$$

Introduisons le 1er tenseur de Piola Kirchoff $\mathcal{T}$

$$\mathcal{T}(t,\xi) = \sigma(X(t,\xi),t)\operatorname{Cof}(\nabla_\xi X(t,\xi)) \tag{2.27}$$

Remarquons que ce tenseur $\mathcal{T}$ n'est pas symétrique contrairement à σ qui l'est. En utilisant le théorème de Stokes il vient

$$\int_{\omega_t} \operatorname{div}_x(\sigma(x,t))dx = \int_{\partial\omega_t} \sigma(x,t)n(x,t)\,ds$$
$$= \int_{\partial\omega_0} \mathcal{T}(t,\xi)n_0(\xi)\,ds_0 = \int_{\omega_0} \operatorname{div}_\xi(\mathcal{T}(t,\xi))d\xi \tag{2.28}$$

Pour le terme de quantité de mouvement on utilise (2.8) et (2.22)

$$\int_{\omega_t} \rho(x,t)u(x,t)dx = \int_{\omega_0} \rho(X(t,\xi),t)u(X(t,\xi),t)\det(\nabla_\xi X(t,\xi))d\xi$$
$$= \int_{\omega_0} \rho_0(\xi)u(X(t,\xi),t)d\xi$$

Avec (2.3), on obtient

$$\frac{\mathrm{d}}{\mathrm{d}t}\left(\int_{\omega_t} \rho(x,t)u(x,t)dx\right) = \int_{\omega_0} \rho_0(\xi)\partial_t^2 X(t,\xi)d\xi$$

On obtient finalement les équations lagrangiennes sur la configuration de référence ω_0

$$\rho_0(\xi)\partial_t^2 X(t,\xi) = \operatorname{div}_\xi(\mathcal{T}(t,\xi)) + f(X(t,\xi),t)\det(\nabla_\xi X(t,\xi)) \tag{2.29}$$

Contrairement à la formulation eulérienne, la conservation de la masse ne nécessite pas une équation supplémentaire, elle est directement prise en compte avec la densité initiale. Cela est du au fait que les équations sont posées sur la configuration de référence.

Pour fermer ces systèmes d'équations, nous avons besoin de donner des lois de comportement qui permettent de relier σ aux inconnues du problème.

Chapitre 3
Interaction d'un fluide incompressible avec une membrane élastique

Dans ce chapitre nous considérons le cas d'un corps élastique mince, que nous modélisons comme une surface en dimension 3 ou une courbe en dimension 2, en interaction avec un fluide dans lequel elle est immergée. Le corps élastique délimite un fluide interne et un fluide externe qui peuvent avoir des propriétés (notamment densité et viscosité) différentes.

Dans une première section nous rappelons le modèle de frontière immergée de Peskin qui est une formulation hybride lagrangienne-eulérienne de cette interaction. Puis nous en présentons dans la deuxième section une formulation purement eulérienne, dans le cas d'une membrane dont la loi de comportement ne prend en compte que le changement d'aire local de celle-ci. Dans ce premier cas, les efforts élastiques sont directement encodés dans la fonction Level Set qui capture la courbe ou la surface supportant la membrane.

En général, une membrane élastique répond aussi aux sollicitations dans le plan tangent, qui, outre le changement d'aire, comprennent le cisaillement. La prise en compte du cisaillement des membranes fait l'objet de la troisième section de ce chapitre.

Cette partie modélisation se conclut sur une section consacrée au cas des courbes immergées dans un espace de dimension 3, pour lesquelles nous développons une théorie de l'élasticité eulérienne et une formulation Level Set.

Le chapitre se termine par une application des schémas présentés au chapitre 1 à ces problèmes de couplage fluide-membrane et à leur illustration numérique.

Des codes de calcul écrits en langage haut niveau (FreeFEM++, Matlab/Octave) sont explicités. Ceux-ci peuvent ainsi servir de base à une séquence pédagogique sous forme de travaux pratiques.

The Author(s), under exclusive license to Springer Nature Switzerland AG 2021
G.-H. Cottet et al., *Méthodes Level Set pour l'interaction fluide-structure*,
Mathématiques et Applications 86, https://doi.org/10.1007/978-3-030-70075-1_3

3.1 De la méthode de frontière immergée aux méthodes Level Set

La méthode de frontière immergée (en abrégé, méthode IBM pour Immersed Boundary Method) introduite par Peskin et ses co-auteurs [113, 114] permet de ramener le problème du couplage d'un fluide incompressible avec des fibres élastiques à un problème fluide avec second membre localisé sur la structure qui agit comme un terme de force dans le fluide. La méthode utilise à la fois des variables eulériennes et lagrangiennes. Les variables eulériennes décrivent la vitesse et la pression du fluide et les variables lagrangiennes permettent de localiser la ou les courbes ou surfaces immergées et à en mesurer l'étirement. L'interaction entre les quantités eulériennes et lagrangiennes est réalisée grâce à une mesure de Dirac discrète.

On reprend ici les notions et notations de paramétrages des surfaces lagrangiennes de la section 1.1.

On considère une surface élastique non fermée régulière $\overline{\Gamma}$ de $\mathbb{R}^3$ dans une configuration au repos, c'est à dire libre de tout effort mécanique, représentée par un paramétrage régulier défini sur $U =]0, M[^2$, $M > 0$, notée $\overline{\gamma} : \theta \in U \to \overline{\gamma}(\theta) \in \mathbb{R}^3$.

La masse surfacique de la membrane dans cette configuration est notée $\overline{m}(\theta)$.

Cette surface se déplace entre les instants $t = 0$ et $t = T$, et l'on note Γ_t, sa position au temps t. En particulier Γ_0 est sa position initiale. Notons que Γ_0 diffère de $\overline{\Gamma}$ si la surface n'est pas initialement au repos.

Notons $\theta \to \gamma_0(\theta)$ et $\theta \to \lambda_0(\theta)$ un paramétrage régulier et une masse surfacique pour Γ_0 tels que $m_0|\partial_{\theta_1}\gamma_0 \times \partial_{\theta_2}\gamma_0| = \overline{m}|\partial_{\theta_1}\overline{\gamma} \times \partial_{\theta_2}\overline{\gamma}|$. Soit $\gamma : \theta \to \gamma(\theta, t)$ le paramétrage régulier de Γ_t transporté par le champ de vitesse du milieu continu, c'est à dire $\gamma(\theta, t) = X(t, \gamma_0(\theta))$ ou de manière équivalente la solution du système différentiel :

$$\begin{cases} \partial_t \gamma(\theta, t) = u(\gamma(\theta, t), t), & \theta \in U, t \in]0, T] \\ \gamma(\theta, 0) = \gamma_0(\theta), & \theta \in U. \end{cases} \tag{3.1}$$

La surface Γ_t est immergée dans un fluide newtonien incompressible et homogène de densité ρ_f et de viscosité ν. Avec les notations de [114] adaptées au cas d'une membrane élastique, la méthode de frontière immergée peut être résumée par l'encadré qui suit :

Méthode de frontière immergée : Description *eulérienne* de la vitesse du milieu continu et *lagrangienne* de la structure élastique immergée (constituée d'une famille de fibres élastiques), interpolée sur le domaine eulérien.

▶ Un champ de vitesse eulérien $(x,t) \in \Omega \times [0,T] \to u(x,t)$.

▶ $(\theta,t) \in U \times [0,T] \to \gamma(\theta,t)$ la position des points de la structure élastique Γ_t.

▶ La densité de forces de la configuration déformée par rapport à la mesure de surface dans la configuration de réference est une fonction connue $\overline{F}(\theta,t)$ qui s'exprime usuellement en fonction des dérivées partielles de γ et de $\overline{\gamma}$ par une expression $\overline{\mathcal{F}}[\gamma(\theta,t)]$.

▶ La masse surfacique dans la configuration de référence est une fonction connue $\overline{m}(\theta,t)$.

▶ Les équations du mouvement (couplage par contrainte) :

$$(\rho_f + M)(\partial_t u + u \cdot \nabla u) - \nu \Delta u + \nabla p = f \qquad (3.2)$$

$$\operatorname{div} u = 0 \qquad (3.3)$$

$$f(x,t) = \int_U |\partial_{\theta_1}\overline{\gamma} \times \partial_{\theta_2}\overline{\gamma}| \overline{F}(\theta,t)\delta(x-\gamma(\theta,t))d\theta \qquad (3.4)$$

$$M(x,t) = \int_U |\partial_{\theta_1}\overline{\gamma} \times \partial_{\theta_2}\overline{\gamma}| \overline{m}(\theta,t)\delta(x-\gamma(\theta,t))d\theta \qquad (3.5)$$

$$\partial_t \gamma = u(\gamma(\theta,t),t) = \int_\Omega u(x,t)\delta(x-\gamma(\theta,t))dx \qquad (3.6)$$

L'équation (3.4) convertit la force lagrangienne dans le domaine eulérien ; l'équation (3.6) convertit le champ de vitesse eulérien en un vitesse sur les points lagrangiens de la structure. Si on écrit la signification précise de (3.4) en considérant une fonction test $\psi : \Omega \to \mathbb{R}$ et en intégrant sur Ω on a

$$\int_\Omega f(x,t)\psi(x,t)dx = \int_U |\partial_{\theta_1}\overline{\gamma} \times \partial_{\theta_2}\overline{\gamma}| \overline{F}(\theta,t) \int_\Omega \delta(x-\gamma(\theta,t))\psi(x,t)dxd\theta$$

$$= \int_U |\partial_{\theta_1}\overline{\gamma} \times \partial_{\theta_2}\overline{\gamma}| \overline{F}(\theta,t)\psi(\gamma(\theta,t),t)d\theta = \int_{\Gamma_t} \overline{F}(\theta,t)\frac{|\partial_{\theta_1}\overline{\gamma} \times \partial_{\theta_2}\overline{\gamma}|}{|\partial_{\theta_1}\gamma \times \partial_{\theta_2}\gamma|}\psi(x,t)ds$$

donc formellement

$$f(x,t) = \frac{|\partial_{\theta_1}\overline{\gamma} \times \partial_{\theta_2}\overline{\gamma}|}{|\partial_{\theta_1}\gamma \times \partial_{\theta_2}\gamma|}\overline{F}(\theta,t)\delta_{\Gamma_t} = F(\theta,t)\delta_{\Gamma_t}$$

pour $x = \gamma(\theta,t)$ et si F représente une densité surfacique de force dans la configuration déformée. De même d'après (3.5), M est une mesure définie par

$$M(x,t) = \frac{|\partial_{\theta_1}\overline{\gamma} \times \partial_{\theta_2}\overline{\gamma}|}{|\partial_{\theta_1}\gamma \times \partial_{\theta_2}\gamma|}\overline{m}(\theta,t)\delta_{\Gamma_t} = m(\theta,t)\delta_{\Gamma_t}, \qquad \text{avec } x = \gamma(\theta,t).$$

Par exemple, pour une membrane élastique ne réagissant qu'au changement d'aire, on considère l'énergie

$$\mathcal{E}[\gamma] = \int_U E\left(\frac{|\partial_{\theta_1}\gamma \times \partial_{\theta_2}\gamma|}{|\partial_{\theta_1}\overline{\gamma} \times \partial_{\theta_2}\overline{\gamma}|}\right)d\theta, \tag{3.7}$$

où $r \to E(r)$ est une loi de comportement donnée, un exemple typique étant de la forme $E(r) = k\max(r-1,0)^2$, pour une raideur $k > 0$. Alors on montre en dérivant l'énergie et en appliquant le principe des travaux virtuels, que

$$F(\theta,t) = \nabla_{\Gamma_t}T(\theta) - T(\theta)\kappa N(\theta), \tag{3.8}$$

où

$$T(\theta) = E'\left(\frac{|\partial_{\theta_1}\gamma \times \partial_{\theta_2}\gamma|}{|\partial_{\theta_1}\overline{\gamma} \times \partial_{\theta_2}\overline{\gamma}|}\right)\frac{1}{|\partial_{\theta_1}\overline{\gamma} \times \partial_{\theta_2}\overline{\gamma}|}.$$

La méthode de frontière immergée dans cette formulation d'origine peut être implémentée pour garantir l'ordre 2 dans le cas d'interfaces épaisses, mais l'ordre 1 dans le cas d'interfaces sans épaisseur [83]. Des études de stabilité ont été proposées [15, 14, 133, 132].

La méthode de frontière immergée que nous venons de décrire est très simple et intuitive. Cependant, le passage incessant entre les coordonnées eulériennes et lagrangiennes induit des problèmes de conservation de volume. En effet l'interpolation du champ de vitesse n'est pas à divergence nulle, donc l'advection des marqueurs avec ce champ peut produire des changements de volume. C'est un point faible connu de la méthode et il a été étudié dans [115, 97, 96], avec des modification qui sacrifient en partie la simplicité de la méthode. Le but premier de la formulation totalement eulérienne introduite dans [35, 36] était de conserver la simplicité de la méthode en proposant une localisation eulérienne de la membrane qui évite le va-et-vient entre les deux systèmes de coordonnées.

Notons qu'une formulation eulérienne permet de s'affranchir des difficultés de paramétrisation des objets fermés et de prendre en compte facilement des valeurs de viscosité variables, contrairement aux méthodes IBM. C'est un point important par exemple dans le cas des modèles de cellules biologiques qui sont souvent considérés avec un contraste de viscosité entre l'intérieur et l'extérieur de la cellule, la viscosité plus importante à l'intérieur étant une manière simplifiée de rendre compte de la présence de matériel biologique dans la cellule.

Dans ce qui suit nous décrivons les modèles Level Set tout d'abord dans le cas le plus simple des surfaces élastiques répondant uniquement à une variation d'aire. Nous considérons dans un deuxième temps le cas de surfaces sensibles également aux effets de cisaillement. Nous évoquons ensuite les questions de stabilité liées aux discrétisation en temps des termes de couplage. Le chapitre se conclut par des illustrations numériques et des exemples de codes réalisés sous le logiciel FreeFEM++ permettant d'expérimenter simplement les méthodes.

3.2 Membrane immergée : cas sans cisaillement

3.2.1 Formulation Level Set de la déformation élastique d'une hypersurface immergée dans un fluide incompressible

Nous allons montrer que lors du transport d'une fonction Level Set par un champ de vitesse incompressible, la norme du gradient de la solution de l'équation de transport contient l'information sur la variation de mesure des surfaces ou lignes de niveau de celle-ci. Une démonstration utilisant une représentation paramétrique des surfaces est donnée dans [35]. Nous reprenons ici une démonstration intrinsèque tirée de [36].

Commençons par rappeler la formule de la co-aire :

Lemme 3.1. *Soit* $\varphi : \mathbb{R}^d \to \mathbb{R}$ *lipschitzienne sur* $\mathbb{R}^d$ *et* $g : \mathbb{R}^d \to \mathbb{R}$ *intégrable. On suppose qu'il existe* $\eta_0 > 0$ *tel que* $\inf\mathrm{ess}_{|\varphi| < \eta_0} |\nabla \varphi| > 0$. *Alors pour* $\eta \in]0, \eta_0[$,

$$\int_{\{|\varphi(x)| < \eta\}} g(x)\, dx = \int_{-\eta}^{\eta} \int_{\{\varphi(x) = \nu\}} g(x) |\nabla \varphi|^{-1}\, ds d\nu.$$

Cette formule est assez naturelle car le volume $|\varphi| < \eta$ est calculé en intégrant l'aire de la surface $\varphi = \nu$ multiplié par un facteur $|\nabla \varphi|^{-1}$ qui correspond à l'espacement local entre les lignes de niveau de φ.

Preuve. Dans [58], proposition 3 page 118, il est montré sous les hypothèses du lemme que

$$\frac{d}{d\nu}\left(\int_{\{\varphi > \nu\}} g(x)\, dx\right) = -\int_{\{\varphi = \nu\}} g|\nabla \varphi|^{-1}\, ds \qquad \text{pour presque tout } \nu.$$

Le résultat annoncé s'en déduit facilement :

$$\int_{\{|\varphi(x)|<\eta\}} g(x)\,dx = \int_{\{\varphi(x)>-\eta\}} g(x)\,dx - \int_{\{\varphi(x)>\eta\}} g(x)\,dx$$

$$= \int_{\eta}^{-\eta} \frac{d}{d\nu}\left(\int_{\{\varphi>\nu\}} g(x)\,dx\right) = \int_{-\eta}^{\eta}\int_{\{\varphi=\nu\}} g|\nabla\varphi|^{-1}\,ds.$$

$$\square$$

En faisant l'hypothèse de régularité suivante sur les lignes de niveau de φ,

$$(H_\varphi)\quad \forall t\in[0,T], \forall f\in\mathcal{C}_c(\mathbb{R}^n),$$

$$\nu\to\int_{\{|\varphi(x,t)|<\nu\}} f(x)\ dx \text{ est } \mathcal{C}^1 \text{ au voisinage de } \nu=0,$$

nous avons le résultat suivant :

Proposition 3.2. *Soit* $u:\mathbb{R}^d\times[0,T]\to\mathbb{R}^d$ *de classe* $\mathcal{C}^1$ *avec* $\operatorname{div} u=0$ *et* φ *solution* $\mathcal{C}^1$ *de* $\partial_t\varphi+u\cdot\nabla\varphi=0$, $\varphi=\varphi_0$ *avec* $|\nabla\varphi|\geq\alpha>0$ *et vérifiant* (H_φ). *Alors pour toute fonction* f *continue à support compact,*

$$\int_{\{\varphi_0(\xi)=0\}} f(\xi)|\nabla\varphi_0|^{-1}(\xi)\,ds_0(\xi) = \int_{\{\varphi(x,t)=0\}} f(Y(x,t))|\nabla\varphi|^{-1}(x,t)\,ds(x).$$

$$(3.9)$$

Autrement dit $|\nabla\varphi|/|\nabla\varphi_0|$ *représente la variation de mesure surfacique de* Γ_t *par rapport à* Γ_0 *(voir figure 3.1).*

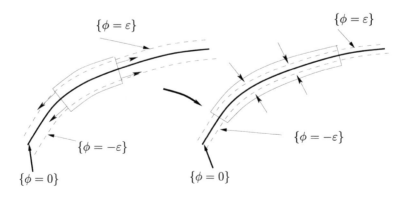

Fig. 3.1: Lorsqu'un champ de vitesse incompressible a pour effet d'étirer les lignes (resp. surfaces) de niveau, alors celles-ci se resserrent nécessairement par conservation du volume. L'accroissement de la norme du gradient de la fonction Level Set mesure exactement cet étirement.

Preuve. L'hypothèse (H_φ) entraîne d'après le lemme précédent que l'application

$$s \to \int_{\{\varphi_0=s\}} f(\xi)|\nabla\varphi_0|^{-1}(\xi)\,ds_0(\xi)$$

est continue. Donc, d'après le lemme 3.1,

$$\int_{\{\varphi_0(\xi)=0\}} f(\xi)|\nabla\varphi_0|^{-1}(\xi)\,ds_0(\xi)$$

$$= \lim_{\eta\to 0}\frac{1}{\eta}\int_{-\frac{\eta}{2}}^{\frac{\eta}{2}}\int_{\{\varphi_0=\nu\}} f(\xi)|\nabla\varphi_0|^{-1}(\xi)\,ds_0(\xi)\,d\nu = \lim_{\eta\to 0}\frac{1}{\eta}\int_{\{|\varphi_0|<\frac{\eta}{2}\}} f(\xi)\,d\xi.$$

On effectue le changement de variables $\xi = Y(x,t)$ dont le jacobien $J(x,t)$ vaut 1 car $\operatorname{div} u = 0$. Comme φ vérifie l'équation de transport on a $\varphi_0(Y(x,t)) = \varphi(x,t)$ et donc

$$\int_{\{\varphi_0(\xi)=0\}} f(\xi)\,ds_0(\xi) = \lim_{\eta\to 0}\frac{1}{\eta}\int_{\{|\varphi(x,t)|<\frac{\eta}{2}\}} f(Y(x,t))\,dx,$$

ce qui donne le résultat annoncé d'après le lemme 3.1. □

Remarque 3.3. Une autre démonstration de la proposition précédente est possible en utilisant la définition des caractéristiques rétrogrades Y (voir remarque 2.4) et la formule de dérivation de Reynolds pour les surfaces 2.16. En effet celle-ci s'écrit, pour une fonction g de classe $\mathcal{C}^1$, et u vérifiant $\operatorname{div} u = 0$,

$$\frac{d}{dt}\int_{\{\varphi(x,t)=0\}} g(x,t)\,ds = \int_{\{\varphi(x,t)=0\}} \partial_t g + u\cdot\nabla g - g[\nabla u]n\cdot n\,ds;$$

et on a, en prenant le gradient de l'équation de transport sur φ,

$$-\frac{1}{|\nabla\varphi|}\left(\partial_t|\nabla\varphi| + u\cdot\nabla|\nabla\varphi|\right) = [\nabla u]\frac{\nabla\varphi}{|\nabla\varphi|}\cdot\frac{\nabla\varphi}{|\nabla\varphi|} = [\nabla u]n\cdot n. \qquad (3.10)$$

En regroupant les termes on a donc

$$\frac{d}{dt}\int_{\{\varphi(x,t)=0\}} g(x,t)\,ds = \int_{\{\varphi(x,t)=0\}} \left(\partial_t(g|\nabla\varphi|) + u\cdot\nabla(g|\nabla\varphi|)\right)\frac{1}{|\nabla\varphi|}\,ds.$$

On applique alors cette formule avec $g(x,t) = f(Y(x,t))|\nabla\varphi|^{-1}(x,t)$, en remarquant que, d'après (2.4)

$$\partial_t(f(Y)) + u\cdot\nabla(f(Y)) = \nabla f\cdot\partial_t Y + u\cdot([\nabla Y]^T\nabla f) = \nabla f\cdot(\partial_t Y + u\cdot\nabla Y) = 0.$$

On obtient donc

$$\frac{d}{dt}\int_{\{\varphi(x,t)=0\}} f(Y(x,t))|\nabla\varphi|^{-1}(x,t)\,ds = 0,$$

ce qui revient après intégration entre 0 et t à la formule (3.9).

Les résultats ci-dessus peuvent s'interpréter sur des représentations paramétriques des courbes ou surfaces.

En dimension 2, rappelons qu'on s'est donné un paramétrage $\theta \in [0, M] \to \gamma(0, \theta) \in \mathbb{R}^2$ de Γ_0

$$\int_0^M f(\gamma(0,\theta))|\nabla\varphi_0|^{-1}(\gamma(0,\theta))|\partial_\theta\gamma|(0,\theta)d\theta$$
$$= \int_0^M f(\gamma(0,\theta))|\nabla\varphi|^{-1}(\gamma(t,\theta),t)|\partial_\theta\gamma|(t,\theta)\,d\theta,$$

pour toute fonction f continue et à support compact. D'où

$$\frac{|\nabla\varphi|(\gamma(t,\theta),t)}{|\nabla\varphi_0|(\gamma(0,\theta))} = \frac{|\partial_\theta\gamma(t,\theta)|}{|\partial_\theta\gamma(0,\theta)|}.$$

En dimension 3, si $\theta = (\theta_1, \theta_2) \in U \to \gamma(t, \theta_1, \theta_2) \in \mathbb{R}^3$ est un (morceau de)paramétrage de Γ_t, alors, comme là encore $Y(\gamma(t,\theta),t) = \gamma(0,\theta)$ on a

$$\int_\omega f(\gamma(0,\theta))|\nabla\varphi_0|^{-1}(\gamma(0,\theta))|\partial_{\theta_1}\gamma \times \partial_{\theta_2}\gamma|(0,\theta)d\theta$$
$$= \int_\omega f(\gamma(0,\theta))|\nabla\varphi|^{-1}(\gamma(t,\theta),t)|\partial_{\theta_1}\gamma \times \partial_{\theta_2}\gamma|(t,\theta)d\theta,$$

d'où

$$\frac{|\nabla\varphi|(\gamma(t,\theta),t)}{|\nabla\varphi_0|(\gamma(0,\theta))} = \frac{|\partial_{\theta_1}\gamma \times \partial_{\theta_2}\gamma|(t,\theta)}{|\partial_{\theta_1}\gamma \times \partial_{\theta_2}\gamma|(0,\theta)}.$$

En pratique, on construit φ_0 d'une part de sorte que sa ligne de niveau zéro représente Γ_0, et d'autre part de manière à ce que

$$|\nabla\varphi_0|(\gamma(0,\theta)) = \frac{|\partial_{\theta_1}\gamma \times \partial_{\theta_2}\gamma|(0,\theta)}{|\partial_{\theta_1}\overline{\gamma} \times \partial_{\theta_2}\overline{\gamma}|(\theta)},$$

ce qui correspond à la variation d'aire entre la configuration initiale et la configuration au repos et signifie que $\varphi0$ transcrit l'étirement initial de la surface. On a alors

$$|\nabla\varphi|(\gamma(t,\theta),t) = \frac{|\partial_{\theta_1}\gamma \times \partial_{\theta_2}\gamma|(t,\theta)}{|\partial_{\theta_1}\overline{\gamma} \times \partial_{\theta_2}\overline{\gamma}|(\theta)}. \tag{3.11}$$

Si, par exemple, la variation d'aire initiale ne dépend pas de θ, il suffit d'initialiser φ_0 à la distance signée à la courbe multipliée par cet étirement.

3.2.2 Formulation Level Set de l'énergie élastique et couplage fluide-structure dans le cas incompressible

A partir de l'expression de l'étirement donnée par la proposition 3.2 et suivant la proposition 1.10, il est naturel d'introduire l'énergie élastique régularisée suivante :

$$\mathcal{E}(\varphi) = \int_\Omega E(|\nabla\varphi|)\frac{1}{\varepsilon}\zeta\left(\frac{\varphi}{\varepsilon}\right)\,dx, \qquad (3.12)$$

où E est une loi de comportement. La fonction $r \to E'(r)$ décrit la relation, éventuellement non linéaire, entre les déformations et les contraintes au sein de la structure élastique. Par exemple, dans le cas d'une simple goutte d'un fluide dans un autre, l'énergie est telle que $E(r) = \lambda r$ où λ est le coefficient de tension de surface, donc $E'(r) = \lambda$. Pour une membrane présentant une élasticité de changement d'aire, nous utilisons une loi quadratique

$$E(r) = \frac{\lambda}{2}(r-1)^2 \qquad (3.13)$$

ce qui correspond à $E'(r) = \lambda(r-1)$.

Théorème 3.4. *La variation temporelle de $\mathcal{E}$, en utilisant le principe des travaux virtuels vérifie*

$$\partial_t\mathcal{E} = -\int_\Omega F\cdot u\,dx \qquad (3.14)$$

et correspond à la force suivante :

$$F = \nabla\left(E(|\nabla\varphi|)\frac{1}{\varepsilon}\zeta\left(\frac{\varphi}{\varepsilon}\right)\right) - \operatorname{div}\left(E'(|\nabla\varphi|)|\nabla\varphi|n\otimes n\frac{1}{\varepsilon}\zeta\left(\frac{\varphi}{\varepsilon}\right)\right). \qquad (3.15)$$

où l'on rappelle que la normale est définie par $n = \dfrac{\nabla\varphi}{|\nabla\varphi|}$.

Preuve. En dérivant par rapport à t puis en utilisant l'équation de transport sur φ et (3.10) on obtient la relation suivante

$$\partial_t\mathcal{E} = \int_\Omega E'(|\nabla\varphi|)(-u\cdot\nabla|\nabla\varphi| - [\nabla u]:|\nabla\varphi|n\otimes n)\frac{1}{\varepsilon}\zeta\left(\frac{\varphi}{\varepsilon}\right)\,dx$$

$$+ \int_\Omega E(|\nabla\varphi|)\frac{1}{\varepsilon^2}\zeta'\left(\frac{\varphi}{\varepsilon}\right)(-u\cdot\nabla\varphi)\,dx.$$

En intégrant le deuxième terme par parties (l'intégrale sur $\partial\Omega$ s'annule car $\zeta(\frac{\varphi}{\varepsilon}) = 0$ sur $\partial\Omega$)

$$\partial_t\mathcal{E} = -\int_\Omega u \cdot \nabla(E(|\nabla\varphi|))\frac{1}{\varepsilon}\zeta\left(\frac{\varphi}{\varepsilon}\right) - \operatorname{div}\left(E'(|\nabla\varphi|)|\nabla\varphi|n \otimes n\frac{1}{\varepsilon}\zeta\left(\frac{\varphi}{\varepsilon}\right)\right) \cdot u$$
$$+ E(|\nabla\varphi|)u \cdot \nabla\left(\frac{1}{\varepsilon}\zeta\left(\frac{\varphi}{\varepsilon}\right)\right) dx.$$

En regroupant le premier et le dernier terme et en utilisant (3.14) on obtient l'expression (3.15). □

Les termes en gradient peuvent être absorbés dans le terme de pression des équations de Navier-Stokes incompressibles. On peut donc réécrire la force sous la forme

$$F = \operatorname{div}\left(E'(|\nabla\varphi|)|\nabla\varphi|(\mathbb{I} - n \otimes n)\frac{1}{\varepsilon}\zeta\left(\frac{\varphi}{\varepsilon}\right)\right). \qquad (3.16)$$

Il peut être intéressant d'exprimer cette force selon les directions normales et tangentielles à la surface. En développant la divergence et en utilisant le fait que $(\mathbb{I} - n \otimes n)\nabla\varphi = 0$ on obtient $F = A\frac{1}{\varepsilon}\zeta\left(\frac{\varphi}{\varepsilon}\right)$ avec $A = \operatorname{div}(E'(|\nabla\varphi|)|\nabla\varphi|(\mathbb{I} - n \otimes n))$. On obtient en développant

$$A = -E'(|\nabla\varphi|)|\nabla\varphi|\operatorname{div}(n \otimes n) + \nabla_\Gamma\left(E'(|\nabla\varphi|)|\nabla\varphi|\right) \qquad (3.17)$$

où l'on rappelle la définition $\nabla_\Gamma f = \nabla f - (\nabla f \cdot n)n$ qui permet de calculer les variations d'une fonction uniquement dans le plan tangent défini par l'orthogonal de la normale n. Il est important de noter que cet opérateur est défini sur $\mathbb{R}^3$ et pas seulement sur la ligne de niveau 0 de φ. Si $x \in \mathbb{R}^3$ est sur une autre ligne de niveau de φ alors la gradient surfacique en ce point est la projection du gradient classique sur le plan tangent défini sur cette ligne de niveau. En utilisant les relations

$$\operatorname{div}(n \otimes n) = Hn + [\nabla n]n \ , \ [\nabla n]n = \frac{\nabla_\Gamma|\nabla\varphi|}{|\nabla\varphi|},$$

et en ajoutant le terme en gradient dans la pression on obtient finalement

$$F = \left(\nabla_\Gamma(E'(|\nabla\varphi|)) - E'(|\nabla\varphi|)H(\varphi)n\right)|\nabla\varphi|\frac{1}{\varepsilon}\zeta\left(\frac{\varphi}{\varepsilon}\right), \qquad (3.18)$$

où $n = \frac{\nabla\varphi}{|\nabla\varphi|}$ et $H(\varphi) = \operatorname{div}\left(\frac{\nabla\varphi}{|\nabla\varphi|}\right)$ désigne la courbure moyenne.

On remarque que, comme dans la formulation lagrangienne de Peskin, la courbure intervient dans la composante normale alors que seul l'étirement joue un rôle dans la direction tangentielle. Dans la cas particulier où seule une énergie de tension de surface est considérée, ce qui correspond à $E'(r) = \lambda$, le terme tangentiel s'annule et nous retrouvons la force de Laplace

$$-\lambda H(\varphi)n|\nabla\varphi|\frac{1}{\varepsilon}\zeta\left(\frac{\varphi}{\varepsilon}\right) \approx -\lambda H(\varphi)n\delta_{\{\varphi=0\}}.$$

On peut maintenant écrire un modèle Level Set complet pour le couplage fluide-structure dans le cas considéré dans ce chapitre. Dans toute la suite on supposera la msse surfacique initialement constante le long de la membrane, et notée m.

On commence par considérer une fonction de Heaviside régularisée permettant de repérer les régions définies par la fonction Level Set et d'y assigner des densités éventuellement différentes ρ_1 et ρ_2. On pose $\mathcal{H}(r) = \int_{-\infty}^{r} \zeta(\alpha)d\alpha$. On a $\mathcal{H}(r) = 0$ pour $r < -1$, et $\mathcal{H}(r) = 1$ pour $r > 1$ (notons qu'il est possible bien sur de définir d'autres régularisations de la fonction de Heaviside). On écrit

$$\rho(\varphi) = \rho_1 + \mathcal{H}\left(\frac{\varphi}{\varepsilon}\right)(\rho_2 - \rho_1) + m\frac{1}{\varepsilon}\zeta\left(\frac{\varphi}{\varepsilon}\right) \tag{3.19}$$

et

$$\mu(\varphi) = \mu_1 + \mathcal{H}\left(\frac{\varphi}{\varepsilon}\right)(\mu_2 - \mu_1)$$

On obtient alors le modèle (écrit ici pour $f = 0$) : Trouver (u, φ) solution sur $\Omega \times]0, T[$ de

$$\rho(\varphi)(\partial_t u + u \cdot \nabla u) - \operatorname{div}(2\mu(\varphi)D(u)) + \nabla p = F(x,t), \tag{3.20}$$

$$\operatorname{div} u = 0, \tag{3.21}$$

$$\partial_t \varphi + u \cdot \nabla \varphi = 0, \tag{3.22}$$

où la force F est donnée par (3.16), plus naturelle dans une formulation variationnelle, ou (3.18).

Il est à noter que $\rho(\varphi)$ donné par l'expression (3.19) vérifie aussi l'équation de transport donc de conservation car $\operatorname{div} u = 0$. La formule (3.19) traduit aussi que la masse surfacique de la membrane évolue de manière inversement proportionnelle à son étirement, ce qui est attendu.

Nous avons donc modélisé l'interaction d'un fluide avec une membrane élastique comme l'écoulement d'un fluide complexe dont le tenseur des contraintes est modifié au voisinage de la surface. Ce modèle est à rapprocher de celui des fluides de Korteweg [137] et c'est d'ailleurs à partir de cette remarque que nous pourrons attaquer la question de l'existence d'une solution à ce problème.

Un résultat important est l'égalité d'énergie suivante, qui suit d'une part de la conservation de la masse que nous venons d'évoquer, et d'autre part du fait que la force élastique est construite par dérivation d'un potentiel :

Proposition 3.5. *Si φ est telle que $|\varphi| > \varepsilon$ sur $\partial\Omega$, nous avons*

$$\frac{1}{2}\int_\Omega \rho(\varphi(x,T))u^2(x,T)\,dx + \int_\Omega E(|\nabla\varphi|)\frac{1}{\varepsilon}\zeta\left(\frac{\varphi}{\varepsilon}\right)dx$$

$$+ \int_0^T \int_\Omega 2\mu(\varphi)D(u)^2\,dxdt$$

$$= \frac{1}{2}\int_\Omega \rho(\varphi_0(x))u_0^2(x)\,dx + \int_\Omega E(|\nabla\varphi_0|)\frac{1}{\varepsilon}\zeta\left(\frac{\varphi_0}{\varepsilon}\right)dx. \quad (3.23)$$

Ce principe de conservation d'énergie montre que la régularisation de la force portée par la fonction Level Set n'induit pas de dissipation d'énergie au cours du temps. Un résultat d'existence de solutions pour le système (3.20-3.22) est esquissé au paragraphe 3.2.5. La démonstration complète de ce résultat est donnée dans [38].

3.2.3 Généralisation aux écoulements compressibles

Dans ce qui précède, la représentation de l'étirement d'une surface à partir du gradient d'une fonction Level Set qui la représente utilise de manière essentielle l'incompressibilité de l'écoulement. Une généralisation de la méthode aux écoulements compressibles a été proposée dans les références [8, 23].

Pour prendre en compte les variations de volume, repartons de la formule de dérivation de Reynolds pour les surfaces. Pour une fonction g de classe $\mathcal{C}^1$,

$$\frac{d}{dt}\int_{\{\varphi(x,t)=0\}} g(x,t)\,ds = \int_{\{\varphi(x,t)=0\}} \partial_t g + \mathrm{div}(gu) - g[\nabla u]n \cdot n\,ds.$$

D'après (2.7) le jacobien eulérien $J(x,t)$ vérifie une équation de conservation, donc son inverse est tel que $\partial_t(J^{-1}) + u \cdot \nabla J^{-1} = J^{-1}\,\mathrm{div}\,u$. On obtient par conséquent en utilisant (3.10)

$$\mathrm{div}(u) - [\nabla u]n \cdot n = \frac{J}{|\nabla\varphi|}\left(\partial_t(J^{-1}|\nabla\varphi|) + u \cdot \nabla(J^{-1}|\nabla\varphi|)\right).$$

Il en découle

$$\frac{d}{dt}\int_{\{\varphi(x,t)=0\}} g(x,t)\,ds$$

$$= \int_{\{\varphi(x,t)=0\}} \left(\partial_t(gJ^{-1}|\nabla\varphi|) + u \cdot \nabla(gJ^{-1}|\nabla\varphi|)\right)\frac{J}{|\nabla\varphi|}\,ds.$$

On applique alors cette formule avec $g(x,t) = f(Y(x,t))J(x,t)|\nabla\varphi|^{-1}(x,t)$, où Y désignent les caractéristiques rétrogrades. On observe que

$$\partial_t(gJ^{-1}|\nabla\varphi|) + u \cdot \nabla(gJ^{-1}|\nabla\varphi|) = \partial_t(f(Y)) + u \cdot \nabla(f(Y)) = 0$$

car Y étant solution de l'équation de transport (2.4), $f(Y)$ l'est également. On a donc

$$\frac{d}{dt}\int_{\{\varphi(x,t)=0\}} f(Y(x,t))J(x,t)|\nabla\varphi|^{-1}(x,t)\,ds = 0,$$

ce qui, après intégration entre 0 et t, généralise la formule (3.9). Dans le cas compressible on retrouve les résultats de [8, 23] qui expriment l'étirement comme $J^{-1}|\nabla\varphi|$. On déduit finalement de ce qui précède la formulation Level Set suivante pour l'énergie élastique :

$$\mathcal{E}(\varphi) = \int_\Omega E(J^{-1}|\nabla\varphi|)\frac{1}{\varepsilon}\zeta\left(\frac{\varphi}{\varepsilon}\right)dx.$$

En dérivant cette énergie comme dans le cas incompressible on en déduit un modèle Level Set pour l'interaction fluide-structure.

3.2.4 Prise en compte des forces de courbures

Dans de nombreux domaines, comme par exemple en biophysique pour l'étude du comportement à l'équilibre ou dans un écoulement en cisaillement de vésicules phospholipidiques, la surface immergée est en fait inextensible, et l'énergie qui prévaut est une énergie de courbure. Des méthodes de type champ de phase ont été développées dans la communauté de physique numérique pour traiter ce problème[12, 13, 11, 100]. Ces méthodes consistent à définir une fonction phase qui prend la valeur 1 à l'intérieur du volume entouré par l'interface immergée, et 0 à l'extérieur, avec une zone de transition d'épaisseur à contrôler. Différentes approches correspondent à diverses énergies et stratégies pour ce contrôle, dont l'impact sur la dynamique simulée est parfois difficile à quantifier. L'approche Level Set permet de proposer une alternative intéressante à ces méthodes de champs de phase : l'interface est vraiment l'hypersurface $\{\varphi = 0\}$, qui est solution d'une simple équation de transport, et la régularisation n'est introduite dans le modèle qu'en second membre des équations fluides.

D'après la proposition 1.10 une forme naturelle et générale pour les énergies de courbure est donnée par la formule

$$\mathcal{E}_c(\varphi) = \int_\Omega A(H(\varphi))|\nabla\varphi|\frac{1}{\varepsilon}\zeta\left(\frac{\varphi}{\varepsilon}\right)dx$$

où on rappelle que la courbure moyenne H et la courbure de Gauss G sont définies par (1.9) et (1.10)

$$H = \mathrm{Tr}(\nabla n) = \mathrm{div}(n) \qquad G = \mathrm{Tr}(\mathrm{Cof}(\nabla n)).$$

Le cas le plus standard correspond à $A(r) = r^2$.

On rappelle également la définition des opérateurs surfaciques qui permettent de prendre en compte les variations d'un scalaire ou d'un champ de vecteurs uniquement dans le plan tangent

$$\nabla_\Gamma f = \nabla f - (\nabla f \cdot n) n \qquad \mathrm{div}_\Gamma(u) = \mathrm{div}(u) - ([\nabla u] n) \cdot n$$

et on note $\Delta_\Gamma f = \mathrm{div}_\Gamma(\nabla_\Gamma f)$.

En dérivant l'énergie $\mathcal{E}_c$ par rapport au temps on obtient

$$\partial_t \mathcal{E}_c(\varphi) = \int_\Omega A'(H(\varphi)) \, \mathrm{div}\left(\frac{\nabla_\Gamma(\partial_t \varphi)}{|\nabla\varphi|}\right) |\nabla\varphi| \frac{1}{\varepsilon} \zeta\left(\frac{\varphi}{\varepsilon}\right) dx$$
$$+ \int_\Omega A(H(\varphi)) \frac{1}{\varepsilon} \zeta\left(\frac{\varphi}{\varepsilon}\right) \frac{\nabla\varphi}{|\nabla\varphi|} \cdot \nabla(\partial_t \varphi) + A(H(\varphi)) |\nabla\varphi| \frac{1}{\varepsilon^2} \zeta'\left(\frac{\varphi}{\varepsilon}\right) \partial_t \varphi \, dx.$$

Les termes de la seconde ligne se combinent, puisqu'en intégrant le premier par parties, le deuxième apparaît avec un signe opposé. En utilisant $\mathrm{div}(A(H)n) = A(H)H + \nabla(A(H)) \cdot n$, les termes restant se combinent pour donner

$$\partial_t \mathcal{E}_c(\varphi) = \int_\Omega \mathrm{div}\left(\frac{\nabla_\Gamma(\partial_t \varphi)}{|\nabla\varphi|}\right) A'(H(\varphi)) |\nabla\varphi| \frac{1}{\varepsilon} \zeta\left(\frac{\varphi}{\varepsilon}\right)$$
$$- \mathrm{div}\left(A(H(\varphi)) \frac{\nabla\varphi}{|\nabla\varphi|}\right) \frac{1}{\varepsilon} \zeta\left(\frac{\varphi}{\varepsilon}\right) \partial_t \varphi \, dx.$$

Compte tenu de $\nabla_\Gamma(\partial_t \varphi) \cdot \nabla\varphi = 0$ le premier terme s'intègre par parties en

$$- \int_\Omega \nabla\left(A'(H(\varphi)) |\nabla\varphi|\right) \cdot \frac{\nabla_\Gamma(\partial_t \varphi)}{|\nabla\varphi|} \frac{1}{\varepsilon} \zeta\left(\frac{\varphi}{\varepsilon}\right)$$
$$= - \int_\Omega \nabla_\Gamma\left(A'(H(\varphi)) |\nabla\varphi|\right) \cdot \frac{\nabla(\partial_t \varphi)}{|\nabla\varphi|} \frac{1}{\varepsilon} \zeta\left(\frac{\varphi}{\varepsilon}\right) dx,$$

où on a utilisé la symétrie de l'opérateur ∇_Γ. En intégrant à nouveau par parties on trouve finalement, en utilisant comme précédemment que la dérivée de l'énergie est égale au signe près au travail des forces $\partial_t \mathcal{E}_c(\varphi) = - \int_\Omega F_c(x,t) \cdot u \, dx$,

$$F_c(x,t) = \mathrm{div}\left[-A(H(\varphi)) \frac{\nabla\varphi}{|\nabla\varphi|} + \frac{1}{|\nabla\varphi|} \nabla_\Gamma(A'(H(\varphi)) |\nabla\varphi|)\right] \frac{1}{\varepsilon} \zeta\left(\frac{\varphi}{\varepsilon}\right) \nabla\varphi$$

On va maintenant écrire cette force sous une autre forme, en utilisant uniquement des opérateurs surfaciques. On a pour le premier terme

$$\mathrm{div}(A(H)n) = A(H)H + A'(H)\nabla H \cdot n.$$

En utilisant les relations $\frac{\nabla_\Gamma(|\nabla\varphi|)}{|\nabla\varphi|} = [\nabla n]n$, $\mathrm{div}([\nabla n]n) = \nabla H \cdot n + H^2 - 2G$ et $\nabla f \cdot ([\nabla n]n) = -(\nabla(\nabla_\Gamma f)n) \cdot n$ on obtient

$$B = \mathrm{div}\left(\frac{1}{|\nabla\varphi|}\nabla_\Gamma(A'(H(\varphi))|\nabla\varphi|)\right) = \mathrm{div}(A'(H)[\nabla n]n) + \mathrm{div}(\nabla_\Gamma(A'(H)))$$

$$= A'(H)(\nabla H \cdot n + H^2 - 2G) + \nabla(A'(H)) \cdot ([\nabla n]n) + \mathrm{div}(\nabla_\Gamma(A'(H)))$$

$$= A'(H)(\nabla H \cdot n + H^2 - 2G) + \Delta_\Gamma(A'(H)).$$

On obtient finalement

$$F_c(x,t) = \left(\Delta_\Gamma(A'(H)) + A'(H)(H^2 - 2G) - A(H)H\right)\frac{1}{\varepsilon}\zeta\left(\frac{\varphi}{\varepsilon}\right)\nabla\varphi.$$

Si $A(r) = r^2$ on obtient une force de courbure égale à $2\Delta_\Gamma H + H(H^2 - 4G)$ dirigée suivant la normale. On retrouve le résultat classique de la dérivée de la fonctionnelle de Willmore $\int H^2 ds$ mais on a utilisé ici une approche volumique qui va nous permettre de l'implémenter, au même titre quel les forces élastiques, comme un terme source dans les équations fluides et l'utiliser, comme on le verra dans la section 3.6, pour trouver les formes d'équilibre des vésicules.

Récemment, des schémas de type diffusion-redistanciation ont été mis en oeuvre pour approcher numériquement cette force de courbure qui nécessite, comme on le voit ci-dessus, une dérivée d'ordre 4 de la fonction Level Set. La thèse d'Arnaud Sengers [122] étend les méthodes de diffusion-seuillage initiées par Bence, Merriman et Osher [104] et de diffusion-redistanciation [57] au cas où l'aire et le volume entouré doivent être conservés pendant la dynamique.

Pour plus de détails sur les calculs de dérivées de formes de fonctionnelles définies sur des surfaces et dépendant de la normale et des courbures moyenne et de Gauss on renvoie à la thèse de Thomas Milcent [106].

3.2.5 Existence de solutions et modèles de Korteweg

Pour utiliser des méthodes numériques de type éléments finis afin de discrétiser le problème de couplage membrane-fluide, il est commode de disposer d'une forme variationnelle des forces élastiques et de courbure. Par ailleurs, ces formes sont mieux adaptées à l'analyse mathématique qui s'intéresse à prouver l'existence de solutions. On rappelle que la force élastique sous forme divergence est donné par (3.16). De cette manière nous pouvons formuler le problème de couplage fluide-structure sous la forme d'un écoulement de fluide complexe dont le tenseur des contraintes a une partie fluide et une partie élastique localisée au voisinage de la membrane :

$$\sigma = -p\mathbb{I} + \mu([\nabla u] + [\nabla u]^T) + E'(|\nabla \varphi|)\frac{\nabla \varphi \otimes \nabla \varphi}{|\nabla \varphi|}\frac{1}{\varepsilon}\zeta\left(\frac{\varphi}{\varepsilon}\right)$$

Cette formulation est utilisée dans [38] pour prouver l'existence d'une solution à ce problème de couplage régularisé.

Pour exposer le principe de cette démonstration, on se place dans le cas $\epsilon = 1$, $\rho_1 = \rho_2$, $\mu_1 = \mu_2$ et considère le modèle multiphysique introduit ci-dessus :

$$\rho(\varphi)\left(\partial_t u + (u \cdot \nabla)u\right) - \mu \Delta u + \nabla \pi = -\operatorname{div}\left(\Sigma(\varphi, \nabla \varphi)\right), \qquad (3.24)$$

$$\partial_t \varphi + u \cdot \nabla \varphi = 0, \qquad (3.25)$$

$$\operatorname{div}(u) = 0. \qquad (3.26)$$

Le tenseur des contraintes Σ s'exprime en fonction de la loi de comportement E de la membrane par

$$\Sigma(\varphi, \nabla \varphi) = \frac{E'(|\nabla \varphi|)}{|\nabla \varphi|}\zeta(\varphi)\nabla \varphi \otimes \nabla \varphi. \qquad (3.27)$$

On se donne des conditions initiales sur u et φ

$$u(x,0) = u_0(x)\,,\; \varphi(x,0) = \varphi_0(x) \qquad (3.28)$$

et des conditions aux limites de Dirichlet homogène pour u (le résultat s'étend au cas de conditions aux limites périodiques) : $u = 0$ sur $\partial\Omega$. Il n'y a donc pas de condition aux limites pour φ dans l'équation de transport. On supposera que

$$r \to E'(r) \in \mathcal{C}^1([0, +\infty)). \qquad (3.29)$$

Par exemple le cas d'une réponse linéaire (le matériau est toujours géométriquement non linéaire) est donné par $E'(r) = \lambda(r - 1)$. Notons que la formulation contient les fluides de type Korteweg [137] comme cas particulier, avec $E'(r) = r$, la fonction level set jouant le rôle de la densité. En effet si on introduit dans ce cas une primitive Z de $\sqrt{\zeta}$ et qu'on pose $\psi = Z(\varphi)$ on a

$$\Sigma(\varphi, \nabla \varphi) = \zeta(\varphi)\nabla \varphi \otimes \nabla \varphi = \nabla \psi \otimes \nabla \psi.$$

La fonction ψ est toujours solution de l'équation de transport et comme $\operatorname{div}(\nabla \psi \otimes \nabla \psi) = \Delta \psi \nabla \psi + [D^2\psi]\nabla \psi = \Delta \psi \nabla \psi + \frac{1}{2}\nabla|\nabla \psi|^2$, on obtient le terme source de Korteweg usuel [137] (à un gradient près absorbé par la pression). [1]

Le résultat d'existence suivant est démontré dans l'article [38] et la thèse de Thomas Milcent [106] :

---

1. Les modèles de Korteweg sont souvent utilisés pour décrire des milieux fluides soumis à des forces de capillarité interne [95].

Théorème 3.6. *Soit Ω un ouvert borné connexe et régulier de $\mathbb{R}^3$. Soit $p > 3$, et $\varphi_0 \in W^{2,p}(\Omega)$, tel que $|\nabla\varphi_0| \geq \alpha > 0$ dans un voisinage de $\{\varphi_0 = 0\}$, et $u_0 \in W_0^{1,p}(\Omega) \cap W^{2,p}(\Omega)$, avec $\operatorname{div} u_0 = 0$. Alors il existe $T^* > 0$ ne dépendant que des données initiales tel qu'une solution de (3.24), (3.25), (3.26) existe dans $[0, T^*]$ avec*

$$\varphi \in L^\infty(0, T^*; W^{2,p}(\Omega)), \ \nabla\pi \in L^p(0, T^*; L^p(\Omega)),$$
$$u \in L^\infty(0, T^*; W_0^{1,p}(\Omega)) \cap L^p(0, T^*; W^{2,p}(\Omega)).$$

La démonstration est basée sur un argument de compacité. On construit dans un premier temps une suite de solutions sur un problème plus simple sur lequel on sait montrer l'existence de solutions. On introduit pour cela un retard temporel dans la vitesse (méthode utilisée aussi dans [25]) et une régularisation spatiale de la fonction level set. Le point délicat consiste à passer à la limite dans le terme non linéaire de force élastique $\operatorname{div}(F(|\nabla\varphi|)\nabla\varphi \otimes \nabla\varphi)$. Pour simplifier la présentation des idées, on choisit un fluide de Korteweg pour lequel $F = 1$. Cette hypothèse n'est pas restrictive car l'important dans les estimations réside dans le fait que le terme dans la divergence est non linéaire en $\nabla\varphi$. Regardons tout d'abord l'égalité d'énergie obtenue en multipliant l'équation de quantité de mouvement par u et en intégrant

$$\frac{1}{2}\frac{d}{dt}(|u|_{L^2}^2 + |\nabla\varphi|_{L^2}^2) + \mu|\nabla u|_{L^2}^2 = 0. \tag{3.30}$$

Cette égalité permet d'avoir des estimations H^1 sur φ ce qui va permettre d'extraire des suites qui convergent faiblement dans H^1. Cela ne permettra cependant pas de passer à la limite dans les termes élastiques non linéaires. Pour ce faire il faut plus de régularité et obtenir des suites telles que $\nabla\varphi_n$ converge fortement dans L^∞. Il est donc nécessaire d'obtenir des estimations d'ordre supérieur sur φ. L'espace H^1 ne s'injectant pas de manière compacte dans L^∞, il faudrait utiliser l'injection $H^2 \subset L^\infty$. Le cadre hilbertien demanderait donc de dériver plusieurs fois les équations sur la vitesse et la fonction Level Set ce qui a peu de chances d'aboutir. L'idée est de se placer dans le cadre non hilbertien avec l'utilisation de l'injection compacte $W^{1,p} \subset L^\infty$ pour $p > 3$. On obtient les estimations voulues en dérivant seulement deux fois l'équation de transport et en utilisant les estimations de Solonnikov [131] sur le problème de Stokes dans L^p.

3.3 Membrane immergée : cas avec cisaillement

Jusqu'à présent, les surfaces immergées considérées ne réagissaient qu'à une déformation engendrant un changement d'aire. C'est le cas par exemple des vésicules phospholipidiques. Cependant, dans de nombreuses applications, comme les globules rouges, la surface immergée présente aussi une résistance au cisaillement dans son plan tangent, localement en chaque point. C'est une difficulté pour les méthodes Level Set, car la dynamique d'une fonction capturant l'interface (3.31), par construction, ignore complètement la composante tangentielle du champ de vitesse, puisque $\nabla\varphi$ est normal à l'interface. Pour espérer capturer des déformations tangentielles, il est nécessaire de pouvoir enregistrer le déplacement des points sur l'interface en utilisant des fonctions Level Set supplémentaires. C'est ce que nous décrivons ci-dessous.

3.3.1 Approche Level Set pour les surfaces

Commençons par redonner quelques éléments de géométrie en lien avec les méthodes Level Set. On considère une surface Γ_0 qui évolue dans un champ de vitesses Eulérien $u(x,t)$ et notons Γ_t la surface au temps t. Cette surface est représentée par une fonction level set $\varphi : \mathbb{R}^3 \times \mathbb{R}^+ \longrightarrow \mathbb{R}$

$$\Gamma_t = \{x \in \mathbb{R}^3 \, , \, \varphi(x,t) = 0\}.$$

On pose $\varphi(\cdot,0) = \varphi_0$. Comme la surface évolue dans le champ de vitesse u on a déjà vu que sa dynamique s'écrit

$$\partial_t \varphi + u \cdot \nabla\varphi = 0. \tag{3.31}$$

En reprenant la notation Y pour les caractéristiques rétrogrades, on obtient avec (2.4) que la solution de (3.31) ($\partial_t \varphi = \partial_t Y \cdot \nabla\varphi_0$ et $\nabla\varphi = [\nabla Y]^T \nabla\varphi_0$) s'écrit explicitement comme

$$\varphi(x,t) = \varphi_0(Y(x,t)). \tag{3.32}$$

Notons $n_0(\xi)$ la normale au point $\xi \in \Gamma_0$ dans la configuration de référence et $n(x,t)$ la normale au point $x \in \Gamma_t$ dans configuration déformée (voir la Figure 3.2 qui reprend la Figure 2.1 en y ajoutant les normales). Rappelons que ces normales sont données par

$$n(x,t) = \frac{\nabla\varphi(x,t)}{|\nabla\varphi(x,t)|} \, , \qquad n_0(\xi) = \frac{\nabla_\xi \varphi_0(\xi)}{|\nabla_\xi \varphi_0(\xi)|}. \tag{3.33}$$

La relation (3.32) permet d'obtenir $\nabla\varphi(x,t) = [\nabla Y(x,t)]^T \nabla\varphi_0(Y(x,t))$. Avec (3.33) on peut donc écrire

$$n_0(Y(x,t)) = \frac{[\nabla Y(x,t)]^{-T} n(x,t)}{|[\nabla Y(x,t)]^{-T} n(x,t)|}. \tag{3.34}$$

Grâce à (2.5) on obtient l'équivalent Lagrangien de (3.34) :

$$n(X(t,\xi),t) = \frac{[\nabla_\xi X(t,\xi)]^{-T} n_0(\xi)}{|[\nabla_\xi X(t,\xi)]^{-T} n_0(\xi)|}. \tag{3.35}$$

Notons au passage que nous retrouvons la formule (2.11).

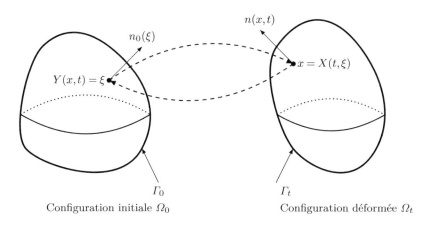

Fig. 3.2: Configuration initiale et déformée.

3.3.2 Un tenseur eulérien pour mesurer les déformations surfaciques

On souhaite donc mesurer les déformations sur la surface Γ_t. En s'appuyant sur la formulation lagrangienne, plus naturelle dans ce contexte, on commence par introduire la projection du tenseur des déformations sur le plan tangent :

$$M(X(t,\xi),t) := [\nabla_\xi X(t,\xi)][\mathbb{I} - n_0(\xi) \otimes n_0(\xi)]. \tag{3.36}$$

M agit de la manière suivante : si $v(\xi)$ un vecteur défini au point $\xi \in \Gamma_0$, ce vecteur est tout d'abord projeté avec l'opérateur $[\mathbb{I} - n_0(\xi) \otimes n_0(\xi)]$ en un vecteur $v_\tau(\xi)$ appartenant à $T_\xi\Gamma_0$, le plan tangent de Γ_0 en ξ. Puis le vecteur $v_\tau(\xi)$ est déformé avec X en le vecteur $[\nabla_\xi X(t,\xi)]v_\tau(\xi)$ en $X(t,\xi)$. Remarquons que Mv est déjà dans $T_{X(t,\xi)}\Gamma_t$, le plan tangent de Γ_t en $X(t,\xi)$. En effet, en utilisant (3.35) et $v_\tau(\xi) \cdot n_0(\xi) = 0$, on a

$$(M(X(t,\xi),t)v(\xi)) \cdot n(X(t,\xi),t) = ([\nabla_\xi X]^T n(X(t,\xi),t)) \cdot v_\tau(\xi)) = 0$$

Le tenseur (3.36) est écrit dans sa forme Eulérienne avec (2.5)

$$M(x,t) := [\nabla Y(x,t)]^{-1}[\mathbb{I} - n_0(Y(x,t)) \otimes n_0(Y(x,t))].$$

En utilisant le fait que $\mathbb{I} - n_0 \otimes n_0$ est un projecteur, donc idempotent, le tenseur de Cauchy-Green associé est défini par

$$\mathcal{A} := MM^T = [\nabla Y]^{-1}(\mathbb{I} - n_0(Y) \otimes n_0(Y))[\nabla Y]^{-T}.$$

Le tenseur de Cauchy-Green à droite jouera un rôle important dans la suite. Il est défini par

$$B = [\nabla_\xi X][\nabla_\xi X]^T = [\nabla Y]^{-1}[\nabla Y]^{-T}, \qquad (3.37)$$

En utilisant (3.34), la relation $A(v \otimes v)A^T = (Av) \otimes (Av)$ et $|[\nabla Y]^{-T} n|^2 = (Bn) \cdot n$ on obtient finalement l'expression du tenseur des déformations surfaciques en coordonnées eulériennes :

$$\mathcal{A} = B - \frac{(Bn) \otimes (Bn)}{(Bn) \cdot n}. \qquad (3.38)$$

3.3.3 Invariants et force élastique associée

On part du postulat que les invariants du tenseur $\mathcal{A}$ sont les quantités susceptibles de porter l'information pertinente pour définir les forces surfaciques. En utilisant (3.38) on a

$$\mathcal{A}n = 0. \qquad (3.39)$$

Donc 0 est une valeur propre et $\det(\mathcal{A}) = 0$. Les autres invariants sont $\mathrm{Tr}(\mathcal{A})$ et $\mathrm{Tr}(\mathrm{Cof}(\mathcal{A})) = \frac{1}{2}(\mathrm{Tr}(\mathcal{A})^2 - \mathrm{Tr}(\mathcal{A}^2))$. Comme $\mathcal{A}$ est une matrice réelle et symétrique, il existe une base orthonormale de vecteurs propres. De plus $\mathcal{A}$ est positive car $\mathcal{A}x \cdot x = |M^T x|^2 \geq 0$. On note 0, λ_1^2 et λ_2^2 les valeurs propres associées. On a donc $\mathrm{Tr}(\mathcal{A}) = \lambda_1^2 + \lambda_2^2$ et $\mathrm{Tr}(\mathrm{Cof}(\mathcal{A})) = (\lambda_1 \lambda_2)^2$. Dans ce qui suit, nous montrerons que les expressions suivantes permettent de capturer la déformation complète d'une membrane :

$$Z_1 = \sqrt{\mathrm{Tr}(\mathrm{Cof}(\mathcal{A}))} = |\lambda_1 \lambda_2|, \qquad (3.40)$$

$$Z_2 = \frac{\mathrm{Tr}(\mathcal{A})}{2\sqrt{\mathrm{Tr}(\mathrm{Cof}(\mathcal{A}))}} = \frac{1}{2}\left(\left|\frac{\lambda_1}{\lambda_2}\right| + \left|\frac{\lambda_2}{\lambda_1}\right|\right). \qquad (3.41)$$

Dans la configuration de référence (souvent prise à l'instant $t = 0$), on a $\mathcal{A}(0) = \mathbb{I} - n_0 \otimes n_0$ donc $\mathrm{Tr}(\mathcal{A}(0)) = 2$ et $\mathrm{Tr}(\mathrm{Cof}(\mathcal{A}(0))) = 1$. Nous avons $Z_1 = Z_2 = 1$ à $t = 0$ et les inégalités $Z_1 \geq 0$, $Z_2 \geq 1$. La proposition 7.3, démontré en annexe, prouve que Z_1 mesure, en régime compressible comme incompressible, la variation d'aire de la surface. On a de plus d'après la proposition 7.4 démontré en annexe la relation

$$Z_1 = J \frac{|\nabla \varphi|}{|\nabla \varphi_0(Y)|}. \tag{3.42}$$

On retrouve donc le résultat de la proposition 3.2 obtenu avec les membranes réagissant uniquement à la variation d'aire : $|\nabla \varphi|$ mesure la variation locale d'aire pour un écoulement incompressible. L'invariant Z_2 est plus difficile à justifier dans le cadre général. Pour mettre en évidence son comportement, nous proposons dans l'annexe 7.2.2 une étude détaillée de son comportement lors de la déformation prescrite d'une surface. Dans ce paragraphe, nous illustrons simplement le comportement de ces invariants pour des déformation d'une surface plane dans son plan. Les déformations proposées sont uniformes dans l'espace dans le sens où les invariants ne dépendent pas des variables spatiales. Le champ de vitesse associé à chaque déformation est représenté sur les figures ci-dessous avec les valeurs correspondantes de Z_1 et Z_2 en fonction du temps t. Nous renvoyons à l'annexe pour les références aux formules analytiques correspondant aux différents cas tests (numérotés TC1 et TC2).

La déformation $\beta = -1$ est une rotation et il n'y a pas de variation d'aire et de cisaillement (voir Figure 3.7). La déformation $\alpha = 1$ est une dilatation pure et il n'y a qu'une variation d'aire (voir Figure 3.4). Les déformations $\beta = 0$, $\beta = 1$, $\alpha = -1$ correspondent à différentes transformations de cisaillement et il n'y a qu'une variation de cisaillement (voir Figure 3.8, 3.6, 3.3). La déformation $\alpha = 0$ est uniaxiale et il y a une variation d'aire et de cisaillement (voir Figure 3.5). Cela peut sembler surprenant à première vue, mais quand une surface est étirée dans deux directions de magnitude différente ($\alpha \neq 1$), nous avons un cisaillement. Les six illustrations ci-dessous sont tirées de [107].

Remarque 3.7. Dans l'article [107], on introduit $(\theta_1, \theta_2) \mapsto \gamma(t, \theta_1, \theta_2)$ une paramétrisation de la surface S_t avec $\gamma : \mathbb{R}^+ \times U \longrightarrow \mathbb{R}^3$ où U est un ouvert de $\mathbb{R}^2$. On définit alors les invariants

$$\mathcal{Z}_1(t) = \sqrt{\det(\mathcal{M}(t))} \qquad \mathcal{Z}_2(t) = \frac{\mathrm{Tr}(\mathcal{M}(t))}{2\sqrt{\det(\mathcal{M}(t))}} \tag{3.43}$$

où $[\mathcal{M}(t)]_{ij} = \partial_{\theta_i}\gamma \cdot \partial_{\theta_j}\gamma$ est une matrice 2×2 appelée métrique. On montre alors que $\frac{\mathcal{Z}_1(t)}{\mathcal{Z}_1(0)}$ correspond bien à la variation locale d'aire et ne dépend pas de la paramétrisation. On montre ensuite sur des exemples que la quantité $\frac{\mathcal{Z}_2(t)}{\mathcal{Z}_2(0)}$ semble mesurer la variation locale de cisaillement mais qu'elle dépend de la paramétrisation choisie. Ceci est dû à un mauvais choix des invariants. La bonne quantité à introduire dans le cadre lagrangien est $\widetilde{\mathcal{A}}(t) = \mathcal{M}(t)\mathcal{M}(0)^{-1}$. On a

$$\widetilde{\mathcal{Z}}_1(t) = \det(\widetilde{\mathcal{A}}(t)) = \frac{\mathcal{Z}_1(t)}{\mathcal{Z}_1(0)} \qquad \widetilde{\mathcal{Z}}_2(t) = \frac{\mathrm{Tr}(\widetilde{\mathcal{A}}(t))}{2\sqrt{\det(\widetilde{\mathcal{A}}(t))}} \neq \frac{\mathcal{Z}_2(t)}{\mathcal{Z}_2(0)} \qquad (3.44)$$

On peut alors montrer que ce nouvel invariant capture bien la variation de cisaillement et ne dépend pas de la paramétrisation choisie. Il est donc possible de calculer des déformations de cisaillement dans un cadre lagrangien. Cependant, comme précisé dans l'article, la formulation eulérienne proposée permet de plonger la surface dans $\mathbb{R}^3$ et ainsi de s'affranchir des problèmes de singularités aux pôles pour les surfaces fermées. De plus le formalisme eulérien permet de traiter simplement les grandes déformations.

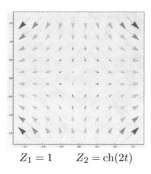

$$Z_1 = 1 \qquad Z_2 = \text{ch}(2t)$$

Fig. 3.3: Champ de vitesse $(x, -y, 0)$ pour la déformation $\alpha = -1$ (TC1). Tiré de [107]

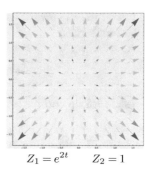

$$Z_1 = e^{2t} \qquad Z_2 = 1$$

Fig. 3.4: Champ de vitesse $(x, y, 0)$ pour la déformation $\alpha = 1$ (TC1). Tiré de [107]

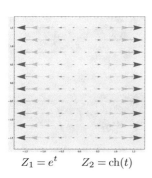

$$Z_1 = e^t \qquad Z_2 = \text{ch}(t)$$

Fig. 3.5: Champ de vitesse $(x, 0, 0)$ pour la déformation $\alpha = 0$ (TC1). Tiré de [107]

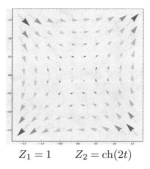

$$Z_1 = 1 \qquad Z_2 = \text{ch}(2t)$$

Fig. 3.6: Champ de vitesse $(y, x, 0)$ pour la déformation $\beta = 1$ (TC2). Tiré de [107]

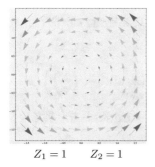

$$Z_1 = 1 \qquad Z_2 = 1$$

Fig. 3.7: Champ de vitesse $(-y, x, 0)$ pour la deformation $\beta = -1$ (TC2). Tiré de [107]

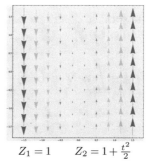

$$Z_1 = 1 \qquad Z_2 = 1 + \frac{t^2}{2}$$

Fig. 3.8: Champ de vitesse $(0, x, 0)$ pour la déformation $\beta = 0$ (TC2). Tiré de [107]

3.3.4 Energie et modèle de couplage

On introduit, en suivant toujours l'approche Level Set décrite en section 1.4, l'énergie régularisée

$$\mathcal{E}_i = \int_\Omega E_i(Z_i) \frac{1}{\varepsilon} \zeta\left(\frac{\varphi}{\varepsilon}\right) dx. \tag{3.45}$$

où E_i est la loi de comportement associée à l'invariant Z_i.

Théorème 3.8. *La variation temporelle de $\mathcal{E}_i$, en utilisant le principe des travaux virtuels vérifie*

$$\partial_t \mathcal{E}_i = -\int_\Omega F_i \cdot u \, dx \tag{3.46}$$

et correspond à la force suivante :

$$F_i = \nabla\left(E_i(Z_i)\frac{1}{\varepsilon}\zeta\left(\frac{\varphi}{\varepsilon}\right)\right) + \mathrm{div}\left(E_i'(Z_i)Z_i\mathcal{C}_i\frac{1}{\varepsilon}\zeta\left(\frac{\varphi}{\varepsilon}\right)\right). \tag{3.47}$$

Preuve. En dérivant par rapport à t

$$\partial_t\mathcal{E}_i = \int_\Omega E_i'(Z_i)\partial_t(Z_i)\frac{1}{\varepsilon}\zeta\left(\frac{\varphi}{\varepsilon}\right)dx + \int_\Omega E_i(Z_i)\frac{1}{\varepsilon^2}\zeta'\left(\frac{\varphi}{\varepsilon}\right)\partial_t\varphi\,dx.$$

En utilisant l'équation de transport sur φ et l'équation $\partial_t Z_i + u \cdot \nabla Z_i = [\nabla u] : Z_i\mathcal{C}_i$ qui correspond à la proposition 7.2 démontrée en annexe, on obtient

$$\partial_t\mathcal{E}_i = \int_\Omega E_i'(Z_i)(-u\cdot\nabla Z_i + [\nabla u] : Z_i\mathcal{C}_i)\frac{1}{\varepsilon}\zeta\left(\frac{\varphi}{\varepsilon}\right)dx$$
$$+ \int_\Omega E_i(Z_i)\frac{1}{\varepsilon^2}\zeta'\left(\frac{\varphi}{\varepsilon}\right)(-u\cdot\nabla\varphi)\,dx.$$

En intégrant le deuxième terme par parties (l'intégrale sur $\partial\Omega$ s'annule car $\zeta(\frac{\varphi}{\varepsilon}) = 0$ sur $\partial\Omega$)

$$\partial_t\mathcal{E}_i = -\int_\Omega u\cdot\nabla(E_i(Z_i))\frac{1}{\varepsilon}\zeta\left(\frac{\varphi}{\varepsilon}\right) + \mathrm{div}\left(E_i'(Z_i)Z_i\mathcal{C}_i\frac{1}{\varepsilon}\zeta\left(\frac{\varphi}{\varepsilon}\right)\right)\cdot u$$
$$+ E_i(Z_i)u\cdot\nabla\left(\frac{1}{\varepsilon}\zeta\left(\frac{\varphi}{\varepsilon}\right)\right)dx.$$

En regroupant le premier et le dernier terme et en utilisant (3.46) on obtient l'expression (3.47). □

Le modèle fluide-structure complet est donc formulé ainsi :

$$\begin{cases} \partial_t u + u \cdot \nabla u - \mu \Delta u + \nabla p = F_1(\varphi, Y) + F_2(\varphi, Y) & \text{sur } \Omega \times]0, T], \\ \operatorname{div} u = 0 & \text{sur } \Omega \times]0, T], \\ \partial_t Y + u \cdot \nabla Y = 0 & \text{sur } \Omega \times]0, T]. \end{cases} \quad (3.48)$$

Ce modèle de type fluide complexe, prenant en compte l'élasticité complète de membrane (variation d'aire et cisaillement) est donc une extension des équations de Navier-Stokes avec un terme source élastique qui est calculé à l'aide de fonctions Level Set (les composantes du vecteur Y) transportées par l'écoulement.

Les schémas numériques pour la résolution des équations (3.48) reposent sur une discrétisation différences finies sur grille cartésienne décalée MAC. Une méthode de projection est utilisée pour résoudre les équations de Navier-Stokes incompressibles et des schémas WENO pour la partie transport des caractéristiques rétrogrades. Les termes intervenant dans les équations de Navier-Stokes sont discrétisés en espace avec des schémas standards de différences finies. La force élastique est localisée sur la membrane avec une masse de Dirac discrétisée.

3.4 Courbe immergée dans $\mathbb{R}^3$

Dans cette section, on propose une approche eulérienne de l'élasticité des courbes de $\mathbb{R}^3$. L'utilisation de fonctions Level Set pour représenter des courbes dans l'espace a été considérée par exemple dans [24] avec des applications potentielles au traitement d'images. Des fonctions Level Set peuvent également être utilisées en mécanique de la rupture pour représenter un front de fissure [81]. Nous nous intéressons ici à l'exploitation de ce formalisme dans le contexte de l'interaction fluide-structure.

Après avoir introduit un invariant qui mesure la variation de longueur d'une courbe au cours d'une déformation, on introduira une énergie élastique et on en déduira la force élastique associée. Nous ne présentons pas de simulations numériques associées à ce nouveau modèle dans ce livre mais ce modèle pourrait être simplement implémenté, comme les autres modèles élastiques eulériens proposés dans ce livre, comme un terme source dans les équations de Navier Stokes. Le but de cet exemple est de montrer comment les outils et le formalisme des fonctions Level Set introduites dans ce livre permettent de définir des énergies plus générales en formulation eulérienne et comment calculer les forces associées.

Pour aller plus loin, on pourrait considérer des énergies qui dépendent de quantités géométriques comme la courbure et la torsion qui peuvent être exprimées à l'aide de fonctions Level Set d'après (1.21). Une application potentielle qu'on peut entrevoir est la simulation de l'influence de la végétation aquatique sur les écoulements [51, 112], par exemple dans le but de limiter l'ensablement du littoral.

3.4.1 Un tenseur eulérien pour mesurer les déformations linéiques

On s'interesse à une courbe paramétrée Γ_0 qui est déformée en $\Gamma_t = X(t, \Gamma_0)$ avec le champ X. On note $\tau_0(\xi)$ le vecteur tangent à la courbe en un point $\xi \in \Gamma_0$ et $\tau(X(t,\xi),t)$ le vecteur tangent tangent à Γ_t au point $X(t,\xi)$. D'après (2.14), ces vecteurs sont liés par la relation

$$\tau(X(\xi,t),t) = \frac{[\nabla_\xi X(t,\xi)]\tau_0(\xi)}{|[\nabla_\xi X(t,\xi)]\tau_0(\xi)|} \tag{3.49}$$

ou, écrit sous forme eulérienne en utilisant (2.5),

$$\tau = \frac{[\nabla Y]^{-1}\tau_0(Y)}{|[\nabla Y]^{-1}\tau_0(Y)|} \qquad\qquad \tau_0(Y) = \frac{[\nabla Y]\tau}{|[\nabla Y]\tau|}. \tag{3.50}$$

On souhaite mesurer les déformations sur la courbe Γ_t. En s'appuyant sur la formulation lagrangienne, plus naturelle dans ce contexte, on commence par introduire la projection du tenseur de déformation suivant le vecteur tangent τ_0 :

$$\widetilde{M}(X(t,\xi),t) := [\nabla_\xi X(t,\xi)][\tau_0(\xi) \otimes \tau_0(\xi)]. \tag{3.51}$$

$\tilde{M}$ agit de la manière suivante : soit $v(\xi)$ défini en un point $\xi \in \Gamma_0$. Ce vecteur est d'abord projeté le long de la tangente τ_0 avec l'opérateur $[\tau_0(\xi) \otimes \tau_0(\xi)]$ en un vecteur $v_\tau(\xi)$. Ensuite le vecteur $v_\tau(\xi)$ est déformé avec X en le vecteur $[\nabla_\xi X(t,\xi)]v_\tau(\xi)$ au point $X(t,\xi)$. Ce vecteur est donc bien colinéaire à τ d'après (3.49).

Le tenseur (3.51) s'écrit dans sa forme Eulérienne avec (2.5)

$$\widetilde{M}(x,t) := [\nabla Y(x,t)]^{-1}[\tau_0(Y(x,t)) \otimes \tau_0(Y(x,t))].$$

Le tenseur de Cauchy-Green associé est défini par

$$\mathcal{L} := \widetilde{M}\widetilde{M}^T = [\nabla Y]^{-1}(\tau_0(Y) \otimes \tau_0(Y))[\nabla Y]^{-T},$$

la deuxième égalité découlant du fait que $\tau_0 \otimes \tau_0$ est un projecteur. En considérant le tenseur $B = [\nabla_\xi X][\nabla_\xi X]^T = [\nabla Y]^{-1}[\nabla Y]^{-T}$ et en utilisant (3.50), on obtient la relation suivante

$$|[\nabla Y]^{-1}\tau_0(Y)|^{-2} = |[\nabla Y]\tau|^2 = (B^{-1}\tau) \cdot \tau. \tag{3.52}$$

L'identité $A(v \otimes v)A^T = (Av) \otimes (Av)$, conjuguée à (3.52), conduit à l'expression suivante du tenseur des déformations linéiques en coordonnées eulériennes :

$$\mathcal{L} = \frac{\tau \otimes \tau}{(B^{-1}\tau) \cdot \tau} \tag{3.53}$$

3.4.2 Invariants et force élastique associée

Si x un vecteur orthogonal à τ, alors $\mathcal{L}x = 0$. Le plan orthogonal à τ est donc un sous espace propre de dimension 2 associé à la valeur propre 0 de l'opérateur $\mathcal{L}$. Comme $\mathcal{L}$ est positif, car $\mathcal{L}x \cdot x = |\tilde{M}^T x|^2 \geq 0$, on note $\lambda_1^2 = \text{Tr}(\mathcal{L})$ la valeur propre non nulle. On introduit l'invariant

$$Z_3 = \sqrt{\text{Tr}(\mathcal{L})} = \sqrt{\frac{1}{(B^{-1}\tau) \cdot \tau}}. \tag{3.54}$$

Dans la configuration de référence (souvent prise à l'instant $t = 0$), on a $\mathcal{L}(0) = \tau_0 \otimes \tau_0$ donc $\text{Tr}(\mathcal{L}(0)) = 1$. Nous avons $Z_3 = 1$ à $t = 0$ et l'inégalité $Z_3 \geq 0$. La proposition 7.6, démontré en annexe, prouve que Z_3 mesure, en régime compressible comme incompressible, la variation de longueur de la courbe. On a de plus d'après la proposition 7.7 démontré en annexe la relation

$$Z_3 = J \frac{|\nabla \varphi^1 \times \nabla \varphi^2|}{|\nabla \varphi_0^1(Y) \times \nabla \varphi_0^2(Y)|} \tag{3.55}$$

où φ^1, φ^2 sont deux fonctions Level Set dont l'intersection des surfaces associées représente la courbe. On peut donc calculer la variation locale de longueur uniquement avec le gradient de ces deux fonctions. Ce résultat est l'équivalent de (3.42) pour les courbes.

On introduit l'énergie régularisée

$$\mathcal{E}_3 = \int_\Omega E_3(Z_3) \frac{1}{\varepsilon^2} \zeta\left(\frac{\varphi^1}{\varepsilon}\right) \zeta\left(\frac{\varphi^2}{\varepsilon}\right) dx. \tag{3.56}$$

où E_3 est la loi de comportement associée à l'invariant Z_3. Grace à la formule d'approximation volumique (7.44) on obtient que cette énergie converge vers le perimètre de la courbe paramétrée pour la loi de comportement $E_3(r) = r$ ce qui correspond à l'équivalent pour les courbes de l'énergie de tension de surface.
D'après la proposition 7.13 démontré dans l'annexe, la force associée est donnée par

$$F_3 = \nabla \left(E_3(Z_3) \frac{1}{\varepsilon^2} \zeta \left(\frac{\varphi^1}{\varepsilon} \right) \zeta \left(\frac{\varphi^2}{\varepsilon} \right) \right)$$
$$+ \operatorname{div} \left(E_3'(Z_3) Z_3 \tau \otimes \tau \frac{1}{\varepsilon^2} \zeta \left(\frac{\varphi^1}{\varepsilon} \right) \zeta \left(\frac{\varphi^2}{\varepsilon} \right) \right).$$

On montre également dans l'annexe la proposition 7.14 qui permet de décomposer cette force de la manière suivante

$$F_3 = ((\nabla \left(E_3'(Z_3) J \right) \cdot \tau) \tau + E_3'(Z_3) J H n) Z_3 J^{-1} \frac{1}{\varepsilon^2} \zeta \left(\frac{\varphi^1}{\varepsilon} \right) \zeta \left(\frac{\varphi^2}{\varepsilon} \right). \quad (3.57)$$

Il est intéressant de noter que la force se décompose uniquement dans la base (τ, n) et qu'il n'y a donc de composante suivant le vecteur binormal b. On renvoie à la section 1.3 pour les définitions à l'aide de fonctions Level Set de ces notions géométriques pour les courbes paramétrées de $\mathbb{R}^3$.

3.5 Schémas numériques explicites et semi-implicites en temps

On a vu en section 1.6 que la technique de discrétisation en temps choisie pour articuler l'advection de la fonction Level Set et la prise en compte des forces de capillarité dans les équations de Navier-Stokes impactait la stabilité des modèles, et qu'un schéma semi-implicite pouvait se révéler profitable de ce point de vue. Cette situation se reproduit dans les cas d'interaction fluide-structure traités dans ce chapitre, ce qui n'est pas surprenant car les forces élastiques portées par les membranes peuvent être vues comme des généralisations des forces capillaires.

Nous décrivons dans ce qui suit la transcription au cas des membranes sans cisaillement couvert dans la section 3.2 des schémas explicites et semi-implicites vus en section 1.6 et donnons des illustrations numériques de leur comportement. Notons qu'il n'est pas nécessaire de donner des analyses de stabilité linéaire de ces schémas. En effet les linéarisations et approximations des termes de couplage opérées en section 1.6 aboutissent aux mêmes modèles que dans le cas de fluides multi-phasiques et conduisent donc aux mêmes conclusions sur les conditions de stabilité linéaire des schémas.

3.5.1 Schéma explicite

Nous rappelons l'expression de la force élastique telle qu'elle apparaît dans la partie droite de l'équation de Navier-Stokes, exprimée en composantes tangentielle et normale (3.18) :

$$F[\varphi] = \left(\nabla_\Gamma (E'(|\nabla\varphi|)) - E(|\nabla\varphi|) H(\varphi) \frac{\nabla\varphi}{|\nabla\varphi|} \right) |\nabla\varphi| \frac{1}{\varepsilon} \zeta \left(\frac{\varphi}{\varepsilon} \right)$$

Le schéma explicite consiste à enchaîner des résolutions des équations de Navier-Stokes où les forces élastiques sont évaluées à partir des valeurs de φ de l'instant précédent, suivies d'une équation de transport où le champ de vitesse est issu de l'étape précédente :

$$\begin{cases} \dfrac{u^{n+1} - u^n}{\Delta t} = F[\varphi^n] + R(u^n, u^{n+1}), \\ \operatorname{div} u^{n+1} = 0, \\ \dfrac{\varphi^{n+1} - \varphi^n}{\Delta t} + u^{n+1} \cdot \nabla\varphi^{n+1} = 0, \end{cases} \tag{3.58}$$

3.5.2 Schéma semi-implicite

Nous étendons maintenant le schéma semi-implicite (1.60)-(1.62) au cas général d'une interface élastique immergée dans un fluide incompressible. Nous procédons comme dans le cas de la tension de surface, et commençons par écrire un pas de temps implicite en diffusion et explicite en convection pour l'équation de Navier-Stokes

$$\begin{cases} \dfrac{u^{n+1} - u^n}{\Delta t} = F[\varphi^{n+1}] + \mu \Delta u^{n+1} - u^n \cdot \nabla u^n - \nabla p^{n+1}, \\ \operatorname{div} u^{n+1} = 0, \\ \dfrac{\varphi^{n+1} - \varphi^n}{\Delta t} + u^{n+1} \cdot \nabla\varphi^{n+1} = 0, \end{cases} \tag{3.59}$$

à partir de quoi nous construisons la prédiction suivante de u^{n+1} :

$$\tilde{u}^{n+1} = u^n + \Delta t F[\varphi^{n+1}].$$

En insérant cette expression dans l'équation d'advection pour φ on constate que la composante tangentielle de la force ne donne aucune contribution. En ne retenant que des termes d'ordre supérieur, il nous reste

$$\frac{\tilde{\varphi}^{n+1} - \varphi^n}{\Delta t} - E'(|\nabla\varphi^n|) \frac{\Delta t}{\varepsilon} \Delta\tilde{\varphi}^{n+1} = -u^n \cdot \nabla\varphi^n. \tag{3.60}$$

La méthode semi-implicite se résume donc en les sous-étapes suivantes :

Etape 1 : diffusion implicite sur φ

$$\frac{\tilde{\varphi}^{n+1} - \varphi^n}{\Delta t} - E'(|\nabla \varphi^n|) \frac{\Delta t}{\varepsilon} \Delta \tilde{\varphi}^{n+1} = -u^n \cdot \nabla \varphi^n \qquad (3.61)$$

Etape 2 : discrétisation des équations de Navier-Stokes

$$\frac{u^{n+1} - u^n}{\Delta t} - \mu \Delta u^{n+1} + u^n \cdot \nabla u^n + \nabla p^{n+1} = F[\tilde{\varphi}^{n+1}] \,;\, \mathrm{div}\, u^{n+1} = 0 \quad (3.62)$$

Etape 3 : advection explicite de φ

$$\frac{\varphi^{n+1} - \varphi^n}{\Delta t} + u^{n+1} \cdot \nabla \varphi^n = 0 \qquad (3.63)$$

3.5.3 Validation numérique

Considérons tout d'abord le cas d'une gouttelette visqueuse soumise à une tension superficielle. Ce cas peut être vu comme un cas particulier de membrane élastique avec un potentiel linéaire. Dans ce cas, le schéma semi-implicite revient dans sa partie prédictive à une simple équation de diffusion.

Regardons plus précisément le cas d'une interface initiale de forme elliptique, avec un axe de tailles respectivement 0.5 et 0.75. Sous l'effet de la tension superficielle, la goutte elliptique relaxe vers une forme circulaire de même surface. Ce cas test, bien que simple, est une référence utile pour vérifier les propriétés de conservation de la méthode. Dans toute cette section, Δt est le pas de temps utilisé pour résoudre l'équation de Navier-Stokes avec la force élastique. Comme déjà mentionné, en fonction de sa valeur, des sous-itérations peuvent être utilisées dans l'équation d'advection afin de satisfaire la condition CFL appropriée.

Le coefficient de tension superficielle (ou de raideur pour une membrane élastique avec potentiel linéaire) a été pris égal à 1. Tous les tests ont été effectués avec un pas de temps constant de $\Delta t = 0.0025$. La largeur de l'interface a été prise en prenant $\varepsilon = 6\Delta x$. La figure 3.9 compare pour $N = 256$ l'évolution des deux axes de l'ellipse obtenue par la méthode Level Set dans le cas d'un schéma semi-implicite et explicite. Pour ces paramètres, le schéma semi-implicite, contrairement au schéma explicite, s'avère stable.

La figure 3.10 illustre la convergence numérique du schéma semi-implicite lorsque la taille du maillage tend vers zéro. Sur cette figure, l'évolution des petits et grands axes est représentée pour $N = 256$ et $N = 512$.

Le modèle eulérien jouit de bonnes propriétés de conservation en volume car il est basé sur un schéma de projection sur une grille décalée, ce qui assure à la précision machine une divergence nulle du champ de vitesse. Pour illustrer cette fonctionnalité, nous montrons dans la figure 3.10 la perte de volume dans la goutte pour des résolutions allant de $N = 64$ à $N = 512$. On peut voir que la perte de volume pendant les oscillations est maintenue en dessous de

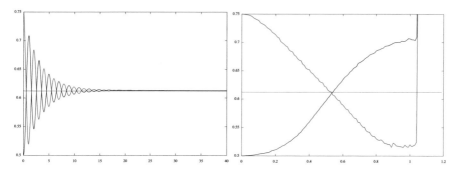

Fig. 3.9: Goutte oscillante pour $N = 256$ and $\Delta t = 0.0025$. Variation temporelle des rayons avec le schéma semi-implicite stable (figure de gauche) et explicite (figure de droite) illustrant son instabilité. Tiré de [37].

1.5% pour la résolution la plus grossière et inférieure à 0.1% pour la résolution la plus élevée.

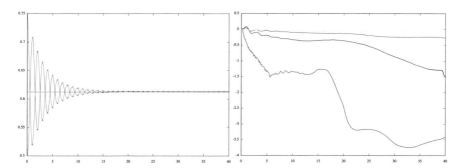

Fig. 3.10: Goutte oscillante pour le schéma semi-implicite. A gauche : Evolution des rayons horizontal (bleu) et vertical (rouge), pour $N = 256$ (croix) and $N = 512$ (lignes continues). A droite : Variation du volume (en %) pour $N = 64$ (rouge), $N = 128$ (bleu), $N = 256$ (magenta) et $N = 512$ (cyan), par rapport au temps. Tiré de [37].

Considérons maintenant une membrane élastique dont le comportement est décrit par le potentiel élastique quadratique de (3.13). La valeur du coefficient de rigidité λ est fixée à 10. On considère le même cas de test que précédemment, repris de [96, 36]. La membrane elliptique, dont les axes majeur et mineur sont respectivement égaux à 0.75 et 0.5, est étirée à partir d'un état d'équilibre circulaire. Cela correspond à un taux d'étirement uniforme d'environ 1.262.

Nous examinons d'abord les propriétés de stabilité du schéma semi-implicite. À cette fin, nous présentons deux séries d'études de raffinement. Dans la première série de tests, nous avons conservé pour le schéma semi-implicite le même pas de temps pour l'équation Level Set pour toutes les résolutions, avec une valeur $\Delta t = 0.01$. Dans la deuxième série de tests, le pas de temps choisi pour le schéma semi-implicite a été précisé à l'aide d'une condition CFL de 0.25, tandis que, pour le schéma explicite, il devait être défini sur la base de la condition de stabilité (1.54). Le tableau 3.1 montre les valeurs des pas de temps résultants pour les schémas explicite et semi-implicite.

Tableau 3.1: Valeurs des pas de temps utilisés dans les expériences $2D$ pour les schémas explicite et semi-implicite.

N	explicite	semi-implicite
64	$3.5\,10^{-3}$	10^{-2}
128	$1.5\,10^{-3}$	$8.\,10^{-3}$
256	$6.5\,10^{-4}$	$4.\,10^{-3}$
512	$2.\,10^{-4}$	$2.\,10^{-3}$

La figure 3.11 montre la relaxation de la membrane, pour des résolutions correspondant à un nombre de points de grille dans chaque direction compris entre $N = 64$ et $N = 256$, lorsque le schéma semi-implicite est utilisé avec le pas de temps 0.01. Ces expériences confirment la stabilité de l'approche semi-implicite, mais montrent également que, pour une résolution relativement élevée et des pas de temps importants, la membrane commence par subir des oscillations non physiques, avant de se stabiliser sur sa position d'équilibre. La raison en est que, pour les grandes valeurs de Δt, la force élastique, obtenue à partir de la valeur filtrée de φ, est appliquée à un emplacement qui diffère de manière significative de la position réelle. On peut cependant noter que si l'on s'intéresse principalement à l'état d'équilibre, plutôt qu'à la dynamique des oscillations, de grandes valeurs du pas de temps restent admissibles.

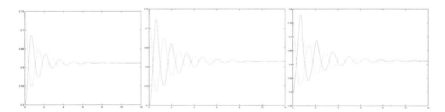

Fig. 3.11: Relaxation d'une membrane élastique elliptique. Evolution temporelle des grand et petits axes par le schéma semi-implicite pour $\Delta t = 10^{-2}$ et, de gauche à droite, pour $N = 64, 128, 256$. Tiré de [37].

La deuxième série de tests de raffinement compare, comme illustré dans la figure 3.12, pour les pas de temps donnés dans le tableau 3.1, les résultats obtenus avec les schémas explicite et semi-implicite, pour $N = 128$ et $N = 256$. A gauche, pour $N = 128$, nous avons utilisé $\Delta t = 1.5\,10^{-3}$ pour le schéma explicite et $\Delta t = 8\,10^{-3}$ pour le semi schéma-implicite. A droite, nous avons fixé $\Delta t = 6.5\,10^{-4}$ pour le schéma explicite et $\Delta t = 4\,10^{-3}$ pour le schéma semi-implicite. Pour $N = 256$ le pas de temps pour le schéma semi-implicite est huit fois plus grand que pour le schéma explicite pour des résultats très proches concernant les amplitudes ce qui confirme le gain offert par la méthode semi-implicite. Le décalage en temps visible sur des temps longs de la simulation résulte du décalage déjà observé dans le Figure 3.11 entre la position de l'interface et la localisation la force, lorsque le pas de temps est grand .

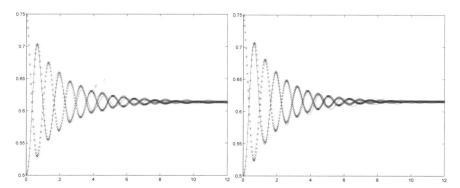

Fig. 3.12: Membrane élastique 2D en relaxation. Variation temporelle des rayons de l'ellipse. Schémas semi-implicite (lignes continue) vs explicite ($\times$ and $+$) pour $N = 128$ (figure de gauche) et 256 (figure de droite). Tiré de [37].

3.6 Illustrations numériques et exemples de codes de calcul

Nous passons en revue dans cette section successivement les différents cas étudiés plus haut : membrane sans cisaillement, membrane avec énergie de courbure et membrane avec cisaillement.

3.6.1 Membrane sans cisaillement

Membrane élastique oscillante en 2D : codes FreeFEM++ et Matlab

Revenons sur ce cas déjà été évoqué pour étudier la stabilité des méthodes de discrétisation en temps. Nous donnons ci-dessous un code utilisant la bibliothèque d'élément finis FreeFEM++[85] qui met en évidence la simplicité de la mise en oeuvre des méthodes Level Set dans ce contexte. Le but est ici pédagogique, et les codes sont donnés dans leur version numérique la plus simple : la discrétisation en temps est faite par une méthode d'Euler explicite, le pas de temps est constant et l'équation de transport pour la fonction Level Set est résolue par méthode des caractéristiques. Le cas test visé est celui déjà utilisé dans [96] pour la validation des méthodes de frontières immergées.

La formulation variationnelle du problème s'écrit plus naturellement avec la forme (3.16) de la force élastique :

$$F = \mathrm{div}\left(E'(|\nabla\varphi|)|\nabla\varphi|\left(\mathbb{I} - \frac{\nabla\varphi \otimes \nabla\varphi}{|\nabla\varphi|^2}\right)\frac{1}{\varepsilon}\zeta\left(\frac{\varphi}{\varepsilon}\right)\right).$$

Le programme ci-dessous propose une implémentation en moins de cent lignes de ce problème simple de couplage fluide-structure, en utilisant la méthode des éléments finis et le logiciel FreeFEM++. Les équations de la mécanique des fluides sont résolues par une discrétisation $P2 - P1$ et la fonction level-set est discrétisée en éléments $P2$ (lignes 20 à 22).

Le cas test consiste en une ellipse étirée qui relaxe vers un cercle. On commence par calculer une fonction distance signée à cette ellipse à partir d'une équation implicite, en résolvant une équation d'Hamilton-Jacobi (lignes 34 à 46). Cette étape peut être désormais effectuée directement sous FreeFEM++ qui permet de calculer la distance à une hypersurface décrite par une ligne de niveau. La formulation variationnelle du problème fluide est décrite lignes 64 à 74, en version monolithique. La fonction `convect` du logiciel, qui implémente la méthode des caractéristiques, est utilisée pour résoudre les équations de transport de la fonction level-set et les termes convectifs des équations fluides.

```
1   load "iovtk"
2
3   // parametres
4   real xm=2;                    // Taille de la boite
5   real ym=2;
6   int n=30,m=30;                // nombre de points un cote
7   real A=0.75, B=0.5;           // Dimensions de l'ellipse
8   real LARGINT=1.5;             // Largeur de l'interface
9   real lambda = 1;              // Coefficient de raideur
10  real Re=100;                  // Nombre de Reynolds = 1/viscosite
11  real ETIRINI = 1.26253110;    // Etirement initial
```

```
12   real tmax=10;
13   real dtaff=0.2;
14   real CFL=0.2;
15   real dt=5.e-3;
16   real eps1=0.001;                // petit parametre (calcul normale)
17
18   // Maillage
19   mesh Th=square(n,m,[xm*x,ym*y],flags=1);
20   fespace Vitesses(Th,P2);
21   fespace Pression(Th,P1);
22   fespace LevelSet(Th,P2);
23
24   Vitesses u1,u2,v1,v2,u1n,u2n ;
25   Pression p,q,pp;
26   LevelSet phi, M1, M2, S, phiinit, nabla,N1,N2,zet,aux;
27
28   // Definition de l'ellipse initiale
29   func phi0=sqrt((x-xm/2)^2/(A^2)+(y-ym/2)^2/(B^2))-1;
30   phi=phi0;
31   u1n=0; u2n=0;
32
33   // Calcul de la fonction distance a cette ellipse
34   // NB : les versions recentes de FreeFEM++ implementent un
35   // calcul de la distance a une interface decrite par une
36   // ligne de niveau qui peut remplacer ces quelques lignes.
37   Pression h1=hTriangle;
38   real h=h1[].max; // Taille maximale d'un triangle du maillage
39   real epsil = LARGINT*xm/n;
40   int iterinit;
41   real TT=CFL*h;   // pas de temps pour la re-initialisation
42   for (iterinit=1;iterinit< 50*LARGINT;iterinit=iterinit+1)
43   {
44           nabla=(dx(phi))^2+(dy(phi))^2;
45           S=phi/(sqrt(phi^2+h*h*nabla)); //approximation de
                   signe(phi)
46           M1=dx(phi)/(sqrt(nabla+eps1^2)); //approximation de la
                   normale
47           M2=dy(phi)/(sqrt(nabla+eps1^2));
48           phi=convect([-S*M1,-S*M2],TT,phi)+TT*S;
49   };
50
51   // Initialion de l'etirement
52   phi = ETIRINI * phi;
53   nabla = sqrt((dx(phi))^2+(dy(phi))^2+eps1^2);
54   real vol0 = int2d(Th)(phi<0);
55   real vol=vol0,pslice;
56
57   // fonction zeta
58   func real zeta(real r) {
59     return (((r>-1)&&(r<1))?0.5*(1+cos(pi*r)):0);
60   }
61
62   // r --> E'(r) loi deformation / contrainte
63   func real Ep(real r) {
```

```
64        return(lambda*(r-1));
65  }
66
67  // Probleme variationnel
68  problem IBM([u1,u2,p],[v1,v2,q]) =
69      // Navier-Stokes
70            int2d(Th)(u1*v1/dt+u2*v2/dt
71            +1/Re*(dx(u1)*dx(v1)+dy(u1)*dy(v1) + dx(u2)*dx(v2)
                  + dy(u2)*dy(v2)))
72            + int2d(Th)(dx(p)*v1 + dy(p)*v2 + q*(dx(u1)+dy(u2)
                  ) - 1e-10*p*q)
73            -int2d(Th)(convect([u1n,u2n],-dt,u1n)/dt*v1+
                  convect([u1n,u2n],-dt,u2n)/dt*v2)
74      // Tenseur elastique eulerien
75            + int2d(Th)(Ep(nabla)*(dy(phi)*dy(phi)*dx(v1)-dx(
                  phi)*dy(phi)*(dx(v2)+dy(v1))+dx(phi)*dx(phi)*
                  dy(v2))/nabla*zet)
76      // Conditions aux limites
77            + on(1,2,3,4,u1=0,u2=0);
78
79
80  // Boucle principale
81  real t=0,taff=0;
82  for (t=0; t<tmax; t+=dt) {
83      cout << "t = " << t << " Volume variation (%)= " << (vol-
              vol0)/vol0*100 << endl;
84      // Resolution de Navier-Stokes
85      IBM;
86      u1n=u1; u2n=u2;
87      // Transport de phi
88      aux = convect([u1,u2],-dt,phi);
89      phi=aux; vol = int2d(Th)(phi<0);
90      nabla = sqrt((dx(phi))^2+(dy(phi))^2+eps1^2);
91      zet=1./(nabla*epsil)*zeta(phi/(nabla*epsil));
92
93      if (t>taff) {
94          pp=p-p[].min;
95          string vtkout="resultats/memb_t="+t+".vtk";
96          savevtk(vtkout,Th,pp,phi,[u1,u2,0],dataname="Pressure
                  LevelSet Vitesse");
97          taff = taff+dtaff;
98          Th=adaptmesh(Th,p);
99      }
100 }
```

Les figures ci-dessous correspondent à l'exécution de ce programme Free-FEM++ jusqu'à $t = 0.4$ ainsi que le profil de pression $y = 1$ associé.

Un code différences finies a aussi été implémenté en Matlab, et disponible en ligne[2]. Il est construit à partir d'un code Navier-Stokes de Benjamin Seibold, qui implémente une méthode de projection de type Chorin. Le paquetage Level-Set de Baris Sumengen est aussi utilisé, où nous avons actualisé un

---

2. http://level-set.imag.fr

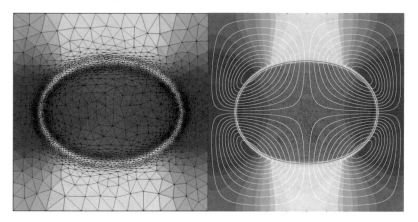

Fig. 3.13: Champ pression calculés par FreeFEM++ (figure de gauche) et Matlab (figure de droite) à $t = 0.4$.

schéma WENO en sa version WENO-Z [29, 3] pour la partie advection (ce schéma est décrit dans l'annexe). Le code est donc basé sur des méthodes tout à fait différentes de celles du code éléments finis. On obtient des résultats numériques remarquablement proches, compte tenu du fait que l'interpolation $P1$ de la fonction `convect` provoque un étalement numérique plus important de l'interface, visible sur les courbes de pression. On voit dans la version différences finies que le gradient de pression est capturé essentiellement sur une maille, ce qui correspond à la valeur de ε choisie dans ce cas. L'étalement de la force inhérent à la formulation Level Set n'induit donc pas de dissipation dans l'écoulement au cours du temps.

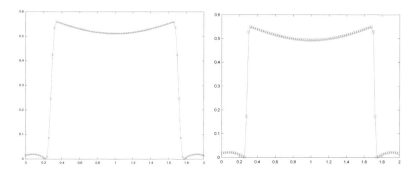

Fig. 3.14: Profil de pression calculés par FreeFEM++ (figure de gauche) et Matlab (figure de droite) à $t = 0.4$.

Membrane avec énergie de courbure

Une des applications des méthodes Level Set, et plus généralement des méthodes de couplage fluide-structure, concerne l'étude de la dynamique des globules rouges en cisaillement. Pour reproduire le comportement de ces objets dans l'écoulement sanguin, on peut considérer dans une première approche que l'énergie associée est purement de type courbure moyenne (ce qui est le cas pour les membranes phospholipidiques), avec une contrainte d'inextensibilité de la membrane. Une manière d'aborder ce problème est d'opérer par pénalisation, en considérant une énergie de changement d'aire très raide.

Une application classique est de placer une vésicule dans un écoulement en cisaillement symétrique (il s'agit ici du cisaillement de l'écoulement et non pas de celui de la surface tel qu'étudié dans la section suivante) et d'étudier son comportement en fonction du rapport de viscosité des fluides intérieurs et extérieurs à la membrane. En deçà d'un certain seuil, le comportement stationnaire est un mouvement de chenille de char (régime dit de "tank-treading") avec un angle fixe dépendant du rapport de viscosités. Au delà de ce seuil, le mouvement se transforme en une rotation quasi rigide de la membrane et du fluide intérieur par rapport au fluide extérieur (régime dit de "tumbling").

Une autre application consiste à calculer les formes d'équilibre en 3D des vésicules en fonction de leur taux de remplissage, c'est à dire de leur volume rapporté au volume d'une sphère ayant même aire. Dans cette application,le pas de temps dans les équations de transport et de Navier-Stokes joue le rôle d'un incrément d'itération pour un algorithme d'optimisation.

Les figures 3.15 et 3.16 illustrent les résultats obtenus par méthodes Level Set dans ces différentes situations. Nous renvoyons à [99, 100] pour une discussion plus détaillée de ces résultats.

De nombreux travaux ont été menés au laboratoire Liphy, utilisant les méthodes de champ de phase, ou la méthode Level Set, en s'appuyant sur la bibliothèque FEEL++ [105] (disponible sur `https://docs.feelpp.org`). Nous renvoyons à la thèse de Vincent Doyeux [54] et sa bibliographie.

Plus récemment, des méthodes de diffusion-redistanciation pour le déplacement d'interfaces régies par des énergies géométriques ont été mise en oeuvre dans la thèse d'Arnaud Sengers [122] dans le cadre de FEEL++.

3.6.2 Membrane avec cisaillement

On utilise dans les simulations de cette section les lois élastiques linéaires suivantes

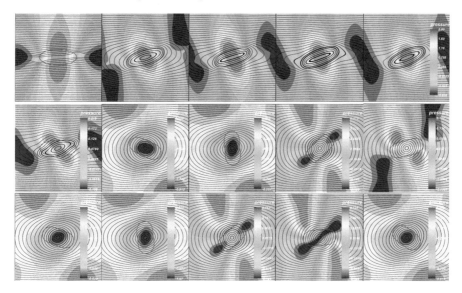

Fig. 3.15: Mouvement de tank-treading (ligne du haut) ou de tumbling (deux lignes du bas) d'une vésicule de taux de remplissage 0.7 dans un écoulement cisaillé, en fonction du ratio des viscosités des fluides intérieur et extérieur (respectivement 1 et 8). Voir [100].

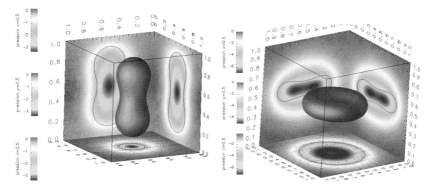

Fig. 3.16: Formes 3D d'équilibre selon le taux de remplissage : figure de gauche 0.77 ; figure de droite 0.6. Tirées de [99].

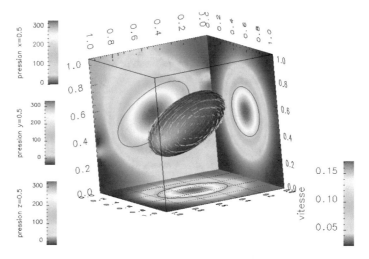

Fig. 3.17: Vésicule 3D dans un écoulement cisaillé (tiré de [106]).

$$E'_1(r) = \lambda_1(r-1) \qquad\qquad E'_2(r) = \lambda_2(r-1) \qquad\qquad (3.64)$$

où λ_1 et λ_2 sont le module de compression et de cisaillement élastique tels que définis dans la section 3.3.3. Notons que, bien que les énergies élastiques soient linéaires, le modèle est encore fortement non linéaire à cause des non linéarités géométriques et du couplage avec les équations de Navier-Stokes.

Dans cette section, on s'intéresse au cas de test d'une sphère élastique cisaillée. Le domaine $Q = [-1,1]^3$ est discrétisé sur un maillage cartésien avec 128 points dans chaque direction. Nous choisissons dans cette simulation une viscosité $\mu = 0.01$, un module d'élasticité de compression $\lambda_1 = 1$ et un module de cisaillement $\lambda_2 = 0.1$. Le paramètre ε est égal à $3.5\Delta x$ dans les simulations où Δx est le pas d'espace. Le pas de temps est $\Delta t = 1,3\,10^{-3}s$. Une vitesse nulle est prise pour les conditions initiales et limites. La surface initiale immergée est une sphère, de sorte que

$$\varphi_0(x,y,z) = \sqrt{x^2+y^2+z^2} - 0.5, \qquad\qquad (3.65)$$

mais cette sphère est précontrainte avec le champ de charactéristiques rétrogrades suivant

$$Y(x,y,z,0) = (x\cos(t_0 z) + y\sin(t_0 z), -x\sin(t_0 z) + y\cos(t_0 z), z) \qquad (3.66)$$

Ceci correspond à une déformation de la sphère lorsqu'un cisaillement circulaire 3D (voir l'expression de Y pour TC4 dans la table 7.1 et la figure 7.2) est appliqué jusqu'à $t = t_0$. Ici nous prenons $t_0 = \pi$. Bien que cette déformation initiale ait été imposée (artificiellement) sans variation d'aire (la surface cisaillée est encore géométriquement une sphère), l'aire va changer localement lorsque la sphère commencera à se relâcher, de sorte que la force F_1 est également impliquée. Le mouvement est cependant initialement piloté par la force de cisaillement F_2.

Les résultats numériques à différents instants sont présentés dans Fig 3.18. Afin de visualiser le déplacement local des points, nous avons représenté sur la surface déformée une grille qui a été suivie avec des marqueurs. Dans la figure 3.19, on trace sur la surface la norme de la vitesse à $t = 0.5$. En raison du fort cisaillement imposé, la surface subit une déformation complexe impliquant la formation de plis. Ce type d'ondulations a également été observé dans [142] dans la simulation d'une capsule soumis à un cisaillement simple.

Une caractéristique intéressante de cette méthode est sa capacité à converger vers une solution stable sans aucune énergie de courbure. Certains effets de grille sont cependant présents pour des temps longs (voir la dernière image dans la figure 3.18).

Fig. 3.18: Simulation numérique de la relaxation d'une sphère soumise à un cisaillement aux temps variant de $t = 0$ à $t = 9$ par incréments de 0.5 (de gauche à droite et de haut en bas). Des marqueurs lagrangiens sont utilisés pour montrer le retour à la configuration sans contraintes. Tiré de [107].

Pour analyser de manière plus précise la convergence numérique de la méthode, les Figures 3.20 et 3.21 montrent des coupes de pression suivant

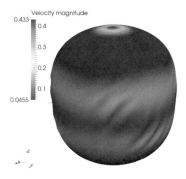

Fig. 3.19: Norme de la vitesse à $t = 0.5s$. Tiré de [107].

les axes x et z pendant cette relaxation aux temps $t = 0.1$ et $t = 1.2$. De même, la Figure 3.22 représente la variation du rayon vertical au cours du temps. Les calculs ont été effectués avec N points dans chaque direction avec $N = 64, 128, 256$. Lors des tests présentés, la largeur de l'interface étalée est gardée constante, de manière à fixer une épaisseur physique pour laquelle on peut observer une convergence numérique en raffinant le maillage. Ceci signifie que ε prend les valeurs $1.75\Delta x$, $3.5\Delta x$, $7\Delta x$, selon la valeur de N, où Δx est le pas d'espace correspondant. Ces figures mettent en évidence la convergence numérique du modèle.

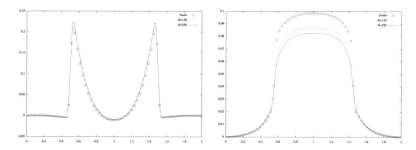

Fig. 3.20: Pression suivant l'axe x au temps $t = 0.1$ (figure de gauche) et $t = 1.2$ (figure de droite) pour $N = 64, 128, 256$. Tiré de [107].

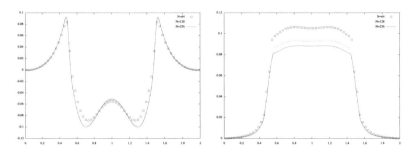

Fig. 3.21: Pression suivant l'axe z au temps $t = 0.1$ (figure de gauche) et $t = 1.2$ (figure de droite) pour $N = 64, 128, 256$. Tiré de [107].

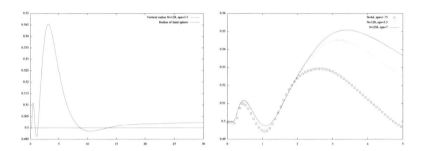

Fig. 3.22: A gauche : Rayon vertical jusqu'à $t = 30$. A droite : Zoom sur $t \in [0,5]$ pour $N = 64, 128, 256$. Tiré de [107].

Comme l'écoulement est incompressible, la fonction $Y(\cdot, t) : \Omega \to \Omega$ conserve le volume, c'est-à-dire que $\det(\nabla Y) = 1$ au niveau continu. Cependant, après discrétisation du temps et de l'espace, et en raison d'erreurs numériques introduites lors de la résolution des équations de transport sur Y, cette contrainte ne peut pas être exactement imposée. Sur la Figure 3.23 et la Figure 3.24, nous représentons la norme L^2 de $\det(\nabla Y) - 1$ en fonction du temps, sur l'ensemble du domaine et à l'interface. Ainsi les quantités tracées sont respectivement :

$$RMS_\Omega(t) = \left(\frac{1}{|\Omega|} \int_\Omega |\det \nabla Y(x,t) - 1|^2 \, \mathrm{d}x \right)^{\frac{1}{2}},$$

$$\text{et } RMS_{\Gamma_t}(t) = \left(\frac{1}{|\Gamma_t|} \int_{\Gamma_t} |\det \nabla Y(x,t) - 1|^2 \, \mathrm{d}s \right)^{\frac{1}{2}}. \quad (3.67)$$

Alors que le cas $N = 64$ est clairement sous-résolu, les figures montrent la convergence numérique de ces normes lorsque N augmente.

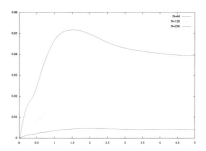

Fig. 3.23: Evolution temporelle, pour $N = 64, 128, 256$ de $t \rightarrow RMS_\Omega(t)$ definie dans (3.67). Tiré de [107].

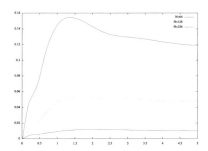

Fig. 3.24: Evolution temporelle, pour $N = 64, 128, 256$ de $t \rightarrow RMS_{\Gamma_t}(t)$ definie dans (3.67). Tiré de [107].

Chapitre 4
Corps solides immergés dans un fluide : le cas des solides élastiques

On s'intéresse dans ce chapitre à la modélisation et la simulation d'interactions fluide-structure dans le cas où le solide élastique a une épaisseur finie : on parle de solide "volumique" par opposition au cas des membranes "surfaciques" étudiées dans le chapitre précédent. Plusieurs stratégies ont été développées dans la littérature pour résoudre ce type d'interactions. Dans les méthodes ALE [53], qui sont les plus couramment utilisées, [80, 67, 64, 65, 66, 70, 68, 18], le domaine physique est discrétisé sur un maillage mobile qui suit l'interface dans son mouvement. La formulation et l'implémentation des schémas numériques dans ce contexte sont délicates, en particulier en 3D. La génération et le partitionnement de maillages peuvent aussi poser des problèmes lorsque les solides subissent de grandes déformations. Les méthodes de frontières immergées évoquées au chapitre précédent peuvent être étendues au cas de l'élasticité volumique [16], en général en considérant des volumes constitués de fibres mono-dimensionnelles. On renvoie à [82] pour une revue récente de ces méthodes.

Comme pour le cas des membranes, il est possible de s'appuyer sur une formulation eulérienne de l'élasticité qui permettra de coupler simplement les solides élastiques avec des fluides, qui sont déjà naturellement décrits dans une formulation eulérienne. L'intérêt des modèles eulériens résident dans la possibilité de les discrétiser sur une grille fixe, typiquement cartésienne, ce qui permet une implémentation et une parallélisation simple ainsi qu'une prise en compte de grandes déformations dans le solide. De plus les fluides et des solides considérés dans ces interactions peuvent être incompressibles (et possiblement visqueux) ou compressibles. On renvoie à [119] pour une revue récente de ces méthodes.

Dans le contexte plus spécifique qui nous occupe dans ce livre, une fonction Level Set sera utilisée afin de suivre de manière eulérienne l'interface entre le fluide et le solide, complétée par des fonctions Level Set supplémentaires pour rendre compte des déformations et efforts élastiques. Ce sont ces méthodes que nous allons décrire dans ce chapitre.

The Author(s), under exclusive license to Springer Nature Switzerland AG 2021   97
G.-H. Cottet et al., *Méthodes Level Set pour l'interaction fluide-structure*,
Mathématiques et Applications 86, https://doi.org/10.1007/978-3-030-70075-1_4

Les modèles étant hyperboliques pour le compressible et paraboliques pour l'incompressible, la résolution numérique des modèles repose sur des schémas numériques bien différents : discrétisation par méthode de volumes finis utilisant solveurs de Riemann pour le cas compressible ; méthodes de différences finies et de projection pour le cas incompressible. C'est pourquoi les modèles et schémas sont naturels pour des interactions ou le fluide et le solide sont tous deux compressibles ou tous deux incompressibles. Le cas d'un solide compressible couplé à un fluide visqueux incompressible pourrait être aussi être pris en compte par ce type de méthodes, mais au détriment de leur simplicité car il faudrait imposer la contrainte de divergence nulle du champ de vitesses sur une partie seulement du domaine. Nous n'envisagerons pas ce cas ici, mais un exemple rentrant dans cette catégorie pour des solides rigides sera évoqué dans la section 5.5.

Après avoir présenté les équations générales des solides hyperélastiques en formulation lagrangienne et eulérienne, on se focalisera sur la déclinaison des modèles hyperélastiques eulériens en compressible et incompressible. On finira ce chapitre en présentant deux illustrations d'interactions fluide-structure, l'une dans le cas incompressible, l'autre dans le cas compressible.

4.1 Matériaux hyperélastiques en formulation lagrangienne

On s'intéresse maintenant à la modélisation de matériaux élastiques. La formulation lagrangienne est *a priori* la plus adaptée pour plusieurs raisons
— la surface libre bordant le solide élastique Ω_t inconnue est prise en compte en se ramenant la configuration de référence Ω_0
— les caractéristiques directes $X(t, \xi)$ permettent de suivre la position des points du solide par rapport à leur position initiale ξ et le tenseur $\nabla_\xi X$ permet de calculer localement les déformations du milieu
— le tenseur des contraintes $\mathcal{T}$ (1er tenseur de Piola-Kirchhoff, défini par (2.27)) s'exprime en fonction du tenseur des déformations $\nabla_\xi X$ ce qui ferme le système.
Pour une description plus détaillée des concepts évoqués dans cette partie, on pourra consulter [86]. Soit $W : M_3(\mathbb{R}) \to \mathbb{R}$ une fonction définie sur l'ensemble des matrices carrées de taille 3. Le développement limité de W s'écrit

$$W(F + H) = W(F) + \frac{\partial W}{\partial F}(F) : H + o(|H|) \tag{4.1}$$

et par définition $\left[\dfrac{\partial W}{\partial F}\right]_{ij} = \dfrac{\partial W}{\partial F_{ij}}$ et où $A : B = \mathrm{Tr}(A^T B)$ désigne le produit scalaire usuel sur les matrices.

Un matériau est dit hyper-élastique si le premier tenseur de Piola Kirchoff est donné par la dérivée par rapport à $\nabla_\xi X$ d'une énergie volumique par unité de volume W

$$\mathcal{T}(\xi, t) = \frac{\partial W}{\partial F}(\nabla_\xi X). \tag{4.2}$$

Les énergies que l'on considère en pratique ne sont pas quelconques, elles doivent obéir à certains principes physiques.

4.1.1 Principe d'indifférence matérielle

On note $F = \nabla_\xi X$ et Q une rotation quelconque appartenant à $SO(3)$. L'énergie doit vérifier le principe d'indifférence matérielle (AIM) qui s'écrit

$$\forall Q \in SO(3) \quad W(QF) = W(F). \tag{4.3}$$

L'interprétation géométrique de cette définition est la suivante : l'énergie est invariante si on applique une rotation après la déformation (voir la Figure 4.1). On peut montrer que l'énergie associée à un matériau qui vérifie le principe d'indifférence matérielle s'écrit

$$W = \tilde{W}(C(\xi, t)), \tag{4.4}$$

où C désigne le tenseur de Cauchy-Green à droite

$$C(\xi, t) = [\nabla_\xi X]^T [\nabla_\xi X]. \tag{4.5}$$

Cette nouvelle énergie dépend uniquement de $C = F^T F$ et plus directement de F, il faut donc trouver un moyen de calculer $\mathcal{T}$. Pour ce faire introduisons $W(F) = \tilde{W}(F^T F)$. On a le développement limité suivant

$$W(F + H) = \tilde{W}(F^T F + F^T H + (F^T H)^T + H^T H)$$

$$= \tilde{W}(F^T F) + \frac{\partial \tilde{W}}{\partial C}(C) : (F^T H + (F^T H)^T) + o(|H|).$$

Comme C est symétrique, $\frac{\partial \tilde{W}}{\partial C}$ est une matrice symétrique et le terme linéaire en H s'écrit $2[F\frac{\partial \tilde{W}}{\partial C}(C)][H]$. En identifiant avec (4.1) on obtient donc

$$\mathcal{T} = [\nabla_\xi X]\Sigma, \tag{4.6}$$

où Σ désigne le second tenseur de Piola Kirchhoff défini par

$$\Sigma = 2\frac{\partial \tilde{W}}{\partial C}(C). \tag{4.7}$$

Cette relation est l'une des raisons pour lesquelles on introduit ce tenseur.

4.1.2 Materiaux isotropes

Les matériaux vérifient souvent des propriétés de symétrie. Ils sont dits isotropes s'ils se comportent de la même manière dans toutes les directions. Pour simplifier l'exposé, on se placera dans ce chapitre essentiellement dans ce cas. Cependant nous donnerons aussi plus bas (section 4.3.2) une illustration numérique pour un cas d'élasticité anisotrope. Dans le cas isotrope, l'énergie associée vérifie

$$\forall Q \in SO(3) \quad W(FQ) = W(F). \tag{4.8}$$

L'interprétation géométrique de cette définition est la suivante : l'énergie est invariante si on applique une rotation puis la déformation (voir la Figure 4.1). Lorsque cette relation n'est vérifiée que pour certaines rotations, le matériau est dit anisotrope. On peut montrer que l'énergie d'un matériau qui est isotrope et qui vérifie le principe d'indifférence matérielle s'écrit

$$W = W(\iota_{C(\xi,t)}) \tag{4.9}$$

où $\iota_C = (\mathrm{Tr}(C), \mathrm{Tr}(\mathrm{Cof}(C)), \det(C))$ sont les trois invariants de C. Il est aisé de montrer que une énergie du type (4.9) vérifie (4.3) et (4.8). La réciproque est plus délicate et la preuve est purement algébrique. Dans le cas d'un matériau anisotrope l'énergie dépend de C mais également de tenseurs construits avec C et les directions privilégiées d'anisotropie.

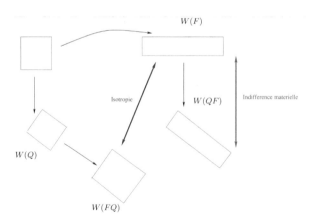

Fig. 4.1: Illustration du principe de l'indifférence matérielle et de l'isotropie.

4.1.3 Calcul du tenseur des contraintes en Lagrangien

Calculons maintenant le tenseur des contraintes associé à l'énergie (4.9). En utilisant (4.7)

$$\frac{\Sigma}{2} = \frac{\partial W(\iota_C)}{\partial C} = \frac{\partial W}{\partial a}\frac{\partial \operatorname{Tr}(C)}{\partial C} + \frac{\partial W}{\partial b}\frac{\partial \operatorname{Tr}(\operatorname{Cof}(C))}{\partial C} + \frac{\partial W}{\partial c}\frac{\partial \det(C)}{\partial C}.$$

On a les développements suivants (C est symétrique)

$$\operatorname{Tr}(C+H) = \operatorname{Tr}(C) + \operatorname{Tr}(H),$$
$$\operatorname{Tr}(\operatorname{Cof}(C+H)) = \operatorname{Tr}(\operatorname{Cof}(C)) + \operatorname{Tr}((\operatorname{Tr}(C)I - C)H) + o(|H|),$$
$$\det(C+H) = \det(C) + \det(C)\operatorname{Tr}(C^{-1}H) + o(|H|).$$

Nous obtenons donc

$$\frac{\Sigma}{2} = \left(\frac{\partial W}{\partial a} + \operatorname{Tr}(C)\frac{\partial W}{\partial b}\right)I - \frac{\partial W}{\partial b}C + \frac{\partial W}{\partial c}\det(C)C^{-1}. \qquad (4.10)$$

Le théorème de Cayley-Hamilton s'écrit

$$C^3 - \operatorname{Tr}(C)C^2 + \operatorname{Tr}(\operatorname{Cof}(C))C - \det(C)I = 0. \qquad (4.11)$$

On a donc $\det(C)C^{-1} = C^2 - \operatorname{Tr}(C)C + \operatorname{Tr}(\operatorname{Cof}(C))I$ ce qui permet de réécrire le tenseur des contraintes en fonction de (I, C, C^2) si nécessaire. Les équations de l'élasticité sont finalement données par

$$\rho_0 \partial_{tt}^2 X = \operatorname{div}([\nabla X]\Sigma), \qquad (4.12)$$

où Σ dépend de manière non linéaire de $X(t,\xi)$ (4.10). Ces équations sont posées sur le domaine de référence Ω_0 et sont complétées de conditions initiales et limites appropriées. Remarquons ici que si l'on considère un milieu élastique incompressible, il faut imposer la condition

$$J = \det(\nabla_\xi X(t,\xi)) = 1, \qquad (4.13)$$

ce qui n'est pas trivial car cette contrainte est une équation non linéaire. Pour ce faire, il faut écrire le premier tenseur de Piola Kirchhoff sous la forme $\mathcal{T} = -p[\nabla X]^{-T} + \tilde{\mathcal{T}}$ où p désigne le multiplicateur de Lagrange scalaire qui permet d'imposer la contrainte (4.13). On verra par la suite que cette condition d'incompressibilité devient linéaire en Eulérien et plus simple à imposer numériquement à travers une condition de divergence nulle sur le champ de vitesse u est nulle.

4.2 Matériaux hyperélastiques en formulation eulérienne

4.2.1 Calcul du tenseur des contraintes en Eulerien

Le tenseur $\mathcal{T}$ (ou de manière équivalente le tenseur Σ) permet de calculer les contraintes dans la configuration de référence. Cependant le tenseur des contraintes dans la configuration déformée est plus simple à interpréter physiquement. Dans ce cas, il faut calculer le tenseur σ à l'aide des caractéristiques directes $X(t,\xi)$. Pour ce faire on utilise la relation $\sigma\,\mathrm{Cof}([\nabla X]) = \mathcal{T}$, (2.27) et (4.7)

$$\sigma(X(t,\xi),t) = \tilde{J}(\xi,t)^{-1}[\nabla_\xi X(t,\xi))]\Sigma(\xi,t)[\nabla_\xi X(t,\xi))]^T, \qquad (4.14)$$

où $\tilde{J}(\xi,t) = \det(\nabla_\xi X(t,\xi))$. Après avoir introduit le tenseur de Cauchy Green à gauche

$$\tilde{B}(\xi,t) = [\nabla_\xi X(t,\xi))][\nabla_\xi X(t,\xi))]^T. \qquad (4.15)$$

Nous avons les relations suivantes

$$[\nabla_\xi X]I[\nabla_\xi X]^T = \tilde{B}, \ [\nabla_\xi X]C^{-1}[\nabla_\xi X]^T = I, \ [\nabla_\xi X]C[\nabla_\xi X]^T = \tilde{B}^2. \ (4.16)$$

En utilisant (4.10) et (4.16), l'expression (4.14) devient (on utilise aussi le fait que $\tilde{B}$ et C ont les mêmes invariants)

$$\sigma(X(t,\xi),t) = 2\tilde{J}^{-1}\left(\frac{\partial W}{\partial c}\det(\tilde{B})I + \left(\frac{\partial W}{\partial a} + \mathrm{Tr}(\tilde{B})\frac{\partial W}{\partial b}\right)\tilde{B} - \frac{\partial W}{\partial b}\tilde{B}^2\right).$$
$$(4.17)$$

Remarquons que ce tenseur de Cauchy est écrit sur la configuration déformée mais qu'il est calculé de manière lagrangienne car il dépend des caractéristiques directes $X(t,\xi)$. Afin d'écrire ce tenseur en formulation eulérienne nous allons utiliser les caractéristiques rétrogrades $Y(x,t)$ définies comme "l'inverse" des caractéristiques directes $X(t,\xi)$. Rappelons que ces caractéristiques vérifient $Y(X(t,\xi),t) = \xi$ et que la dérivation de cette équation par rapport à t et ξ donne

$$\partial_t Y + (u \cdot \nabla)Y = 0, \qquad [\nabla_\xi X(t,\xi)] = [\nabla_x Y(x,t)]^{-1}.$$

Dans la formulation eulérienne nous avons une équation supplémentaire liée à la conservation de la masse (2.20). En repartant de (2.22) et en utilisant Y,

$$\rho(x,t) = \det(\nabla_x Y(x,t))\rho_0(Y(x,t)). \qquad (4.18)$$

Il est donc possible de retrouver la densité à l'aide des caractéristiques rétrogrades. En utilisant la relation (4.2.1), le tenseur de Cauchy Green à gauche (4.15) se réecrit en $\xi = Y(x,t)$

$$\tilde{B}(Y(x,t),t) = [\nabla_x Y(x,t)]^{-1}[\nabla_x Y(x,t)]^{-T} = B(x,t). \qquad (4.19)$$

On introduit également $J(x,t) = \tilde{J}(Y(x,t),t)$. L'expression du tenseur de Cauchy en eulérien est donc donnée par l'expression

$$\sigma(x,t) = 2J^{-1}\left(\frac{\partial W}{\partial c}\det(B)I + \left(\frac{\partial W}{\partial a} + \mathrm{Tr}(B)\frac{\partial W}{\partial b}\right)B - \frac{\partial W}{\partial b}B^2\right). \qquad (4.20)$$

Ce tenseur de Cauchy est écrit sur la configuration déformée et il est ici calculé de manière Eulérienne car il dépend des caractéristiques rétrogrades $Y(x,t)$.

Il est intéressant dans la pratique de décomposer l'énergie en une partie qui ne dépend que du volume et une partie partie isochore qui ne dépend que du "cisaillement". Cette formulation se révèle très utile en compressible car elle permet de modéliser aussi bien des gaz (parfaits, de type Van der Waals etc), des fluides non visqueux (avec lois "stiffened gas") ainsi que des solides élastiques (Néo-hookéen par exemple). Décomposons l'énergie de la manière suivante :

$$W = W_{\mathrm{vol}}(\tilde{J}) + W_{\mathrm{iso}}(\mathrm{Tr}(\overline{B}), \mathrm{Tr}(\mathrm{Cof}(\overline{B}))), \qquad (4.21)$$

où $\overline{B}(x,t) = \dfrac{B(x,t)}{\det(B(x,t))^{\frac{1}{3}}}$ et $J(x,t) = \det(B(x,t))^{\frac{1}{2}}$. Remarquons que $\det(\overline{B}) = 1$ et c'est la raison pour laquelle on appelle cette partie isochore. Pour trouver les expressions des contraintes il suffit de reprendre la formule (4.20) avec

$$W(a,b,c) = W_{\mathrm{vol}}(c^{\frac{1}{2}}) \qquad \text{et} \qquad W(a,b,c) = W_{\mathrm{iso}}(c^{-\frac{1}{3}}a, c^{-\frac{2}{3}}b).$$

On obtient avec la formule (4.20)

$$\sigma(x,t) = W'_{\mathrm{vol}}(J)I + 2J^{-1}\left(\overline{\sigma}_{\mathrm{iso}} - \frac{\mathrm{Tr}(\overline{\sigma}_{\mathrm{iso}})}{3}I\right), \qquad (4.22)$$

avec

$$\overline{\sigma}_{\mathrm{iso}} = \frac{\partial W_{\mathrm{iso}}}{\partial a}\overline{B} - \frac{\partial W_{\mathrm{iso}}}{\partial b}\overline{B}^{-1}.$$

4.2.2 Lois de comportement élastiques

Les lois constitutives en élasticité sont phénoménologiques c'est à dire qu'elles ne proviennent pas, contrairement aux gaz, de physique statistique microscopique. Les lois constitutives obéissent à des principes physiques (indifférence matérielle, isotropie, etc) et le choix dépend du comportement du matériau en petites/grandes déformations, compression, cisaillement, etc. Nous pouvons citer la loi de Mooney-Rivlin

$$W_{\mathrm{iso}} = \chi_1(\mathrm{Tr}(\overline{B})-3)+\chi_2(\mathrm{Tr}(\overline{B}^{-1})-3),$$

avec comme cas particulier la loi Néo-hookéenne qui correspond à la valeur $\chi_2 = 0$. Citons également la loi de Saint-Venant Kirchoff

$$W_{\mathrm{iso}} = \frac{\chi_1}{2}\mathrm{Tr}(E)^2+\chi_2\mathrm{Tr}(E^2) \qquad \text{avec} \qquad E = \frac{1}{2}(C-I).$$

Dans ces énergies, les paramètres χ_i sont les coefficients élastiques dont l'unité est le Pascal.

Il existe également des lois anisotropes qui modélisent des matériaux qui ne se comportent pas de la même manière dans toutes les directions. Par exemple, un matériau avec une direction privilégiée τ dont la réponse élastique est la même par rotation autour de cette direction et aussi en remplaçant τ par $-\tau$ (cas souvent rencontré pour des tissus biologiques comme on le verra plus bas) est dit transverse isotrope. Dans ce cas l'énergie dépend de $(\mathrm{Tr}(B), \mathrm{Tr}(B^{-1}))$ mais également de $\tau^T B^{-2}\tau$ et $\tau^T B^{-1}\tau$ et le tenseur des contraintes σ dépend des quantités $(\nabla Y^{-1}\tau)\otimes(\nabla Y^{-1}\tau)$ et $(\nabla Y^{-1}\tau)\otimes(B\nabla Y^{-1}\tau)+(B\nabla Y^{-1}\tau)\otimes(\nabla Y^{-1}\tau)$ [110]. Un exemple d'une telle loi est donné dans l'application à la contraction d'une cellule cardiaque qui sera considérée en (4.33). Il existe toute une littérature sur les lois de comportement élastiques et on renvoie à nouveau à l'ouvrage [86] pour plus de détails.

4.2.3 Elasticité eulérienne en incompressible

Un milieu est dit incompressible si il vérifie la condition $J = \det(\nabla X) = 1$ en tout point. En utilisant une formule de Reynolds, on peut alors montrer que l'équivalent eulérien correspond à la contrainte $\mathrm{div}(u) = 0$ localement. Il est intéressant de noter que cette contrainte est linéaire (contrairement à la version Lagrangienne $J = 1$ qui est non linéaire). Afin d'imposer cette contrainte, on introduit classiquement une pression p qui est un multiplicateur de Lagrange associé à la contrainte $\mathrm{div}(u) = 0$. On peut alors montrer que le tenseur des contraintes (4.22) s'écrit

$$\sigma(x,t) = -pI + \sigma_{\mathrm{iso}}(\nabla Y). \tag{4.23}$$

Comme la contrainte de divergence nulle est linéaire, il est relativement simple de trouver p à l'aide d'une méthode de projection par exemple. Lorsque l'on travaille en petites déformations on peut utiliser les modèles de l'élasticité linéaire qui dépendent de deux paramètres élastiques λ et μ (les coefficients de Lamé) ou de manière équivalente E et ν (le module de Young et le coefficient de Poisson). On peut montrer que si ν est proche de $1/2$ alors, pour une déformation infinitésimale, le volume est quasiment conservé localement. Cependant on doit toujours avoir $\nu < 1/2$ car les formules sont singulières en $1/2$. Insistons sur le fait que ces deux notions de l'incompressibilité sont différentes, celle faisant intervenir la divergence nulle permettant d'imposer exactement $J = 1$ en restant valable même si le solide subit de grandes déformations. Notons qu'en régime incompressible l'équation sur l'énergie n'est pas couplée à l'équation sur la quantité de mouvement.

On obtient finalement les équations suivantes pour un milieu élastique incompressible (on utilise ici les formes non conservatives des équations)

$$
\begin{cases}
\rho(\partial_t u + (u \cdot \nabla)u) + \nabla p = \mathrm{div}(\sigma_{\mathrm{iso}}(\nabla Y)), \\
\qquad\qquad \mathrm{div}(u) = 0, \\
\partial_t Y + (u \cdot \nabla)Y = 0.
\end{cases}
\tag{4.24}
$$

Ce modèle de type fluide complexe est donc une extension des équations de Navier-Stokes avec un terme source élastique qui est calculé à l'aide de trois fonctions Level Set (les trois composantes du vecteur Y) qui sont transportées par l'écoulement.

4.2.4 Elasticité eulérienne en compressible

Les équations compressibles de l'élasticité sont utilisées lorsque les matériaux peuvent changer localement de volume et elles sont le plus souvent utilisées pour l'étude de phénomènes transitoires. Lorsque l'on s'intéresse à des milieux compressibles, l'équation sur l'énergie n'est plus découplée des équations de conservation de la masse et de la quantité de mouvement. Il est également important de considérer les formes conservatives des équations car les solutions de ces équations peuvent développer des discontinuités en temps fini (ondes de chocs ou discontinuités de contact).

Dans ce contexte compressible on introduit, par analogie avec la modélisation des gaz, une formulation avec une énergie par unité de masse $\varepsilon = \rho W$ plutôt que par unité de volume. De plus, on fait intervenir la thermodynamique uniquement dans la partie volumique en introduisant l'entropie s

$$
\varepsilon = \varepsilon_{\mathrm{vol}}(\rho, s) + \varepsilon_{\mathrm{iso}}(\mathrm{Tr}(\overline{B}), \mathrm{Tr}(\mathrm{Cof}(\overline{B}))).
\tag{4.25}
$$

On obtient alors en utilisant (4.22) et $J = \frac{\rho_0}{\rho}$ (2.22)

$$
\sigma = -p(\rho, s)I + \sigma_{\mathrm{iso}}(\nabla Y),
\tag{4.26}
$$

où la pression est définie par $p(\rho, s) = \rho^2 \frac{\partial \varepsilon}{\partial \rho}$ et où la dérivée est calculée à entropie fixée. Les deux équations précédentes permettent de fermer le système de conservation de l'élasticité Eulérienne compressible suivant

$$\begin{cases} \partial_t \rho + \operatorname{div}(\rho u) = 0, \\ \partial_t(\rho u) + \operatorname{div}(\rho u \otimes u - \sigma) = 0, \\ \partial_t(\nabla Y) + \nabla(u \cdot \nabla Y) = 0, \\ \partial_t(\rho e) + \operatorname{div}(\rho e u - \sigma^T u) = 0. \end{cases} \tag{4.27}$$

En effet, l'équation (4.25) permet d'exprimer s en fonction de ε, ρ et ∇Y. En remplaçant cette expression de s dans (4.26) et en utilisant la définition $e = \varepsilon - \frac{1}{2}|u|^2$ de l'énergie totale on obtient σ comme une fonction de $\rho, u, \nabla Y$ et e. Comme σ dépend directement de ∇Y on a pris le gradient de l'équation de transport sur les caractéristiques rétrogrades afin d'écrire l'ensemble des équations (4.27) comme un système de lois de conservation de la forme $\partial_t \Psi + \operatorname{div}(F(\Psi)) = 0$. Cette forme permettra d'étudier les propriétés d'hyperbolicité (vitesse des ondes, chocs, détentes, etc) et de mettre en place de schémas numériques adaptés.

4.3 Modèle de couplage fluide / structure élastique en incompressible

On s'intéresse maintenant au couplage entre une structure élastique et un fluide visqueux incompressible. La formulation complètement Eulerienne de l'élasticité va permettre de modéliser l'interaction fluide-structure comme un fluide complexe. Les forces élastiques sont ajoutées dans les équations fluides en tant que terme source et discrétisées sur la même grille que le fluide. Insistons ici sur le fait que le solide est aussi supposé incompressible et que la contrainte de divergence nulle est appliquée sur tout le domaine de calcul.

Cette formulation de l'élasticité eulérienne volumique a été développée par plusieurs équipes [38, 134, 140, 118]. L'approche repose sur les trois composantes des caractéristiques rétrogrades Y (également appelée *reference map* dans [140]) qui est simplement advectée par la vitesse du fluide et ses dérivées spatiales permettent de calculer la contrainte élastique. Dans [134] les auteurs, au lieu de l'équation d'advection sur les caractéristiques rétrogrades, ont utilisé une équation eulérienne sur les six composantes du tenseur symétrique élastique de Cauchy Green $B = [\nabla Y]^{-1}[\nabla Y]^{-T}$. Il s'agit d'une équation d'advection qui contient également deux termes supplémentaires faisant intervenir le gradient de vitesse.

Dans ce contexte eulérien, les caractéristiques rétrogrades, et donc le tenseur élastique, sont calculés sur tout le domaine et en particulier dans la région fluide. Le fluide situé près de l'interface peut être soumis à de grandes déformations de cisaillement, ce qui peut provoquer une croissance exponentielle de certaines composantes des caractéristiques rétrogrades. Ces distorsions dans le fluide, si elles sont utilisées dans le schéma numérique au voisinage de l'interface fluide-solide, peuvent entraîner des instabilités numériques car le tenseur des contraintes est généralement diffusé sur quelques points du maillage à l'intérieur du fluide.

Pour faire face à cette difficulté, différentes stratégies de discrétisation ont été développées dans la littérature. Dans [118], les équations fluide-structure sont discrétisées sur un maillage non structuré d'éléments finis et les déformations eulériennes sont extrapolées de manière linéaire dans le fluide. Dans [134], le modèle est discrétisé avec un schéma de différences finies sur un maillage cartésien et le tenseur élastique est lissé dans le fluide. Dans [140], les équations fluide-structure sont discrétisées avec des différences finies sur un maillage cartésien et les caractéristiques sont extrapolées dans le fluide.

Dans l'exemple décrit plus bas, c'est une extrapolation linéaire des caractéristiques rétrogrades qui est choisie dans le fluide avec la méthode de Aslam [6]. Les détails de cette méthode ainsi que de nombreuses validations et simulations numériques de ces modèles sont développés dans la thèse de Julien Deborde [45] et dans l'article [46].

4.3.1 Modèle et loi constitutive en incompressible

Une fonction level set φ est utilisée pour capturer l'interface séparant le fluide et le solide et vérifie l'équation de transport

$$\partial_t \varphi + u \cdot \nabla \varphi = 0. \tag{4.28}$$

Le modèle complet est donné par

$$\begin{cases} \rho(\partial_t u + (u \cdot \nabla)u) + \nabla p = \operatorname{div}(\sigma), \\ \operatorname{div}(u) = 0, \\ \partial_t Y + (u \cdot \nabla)Y = 0, \\ \partial_t \varphi + u \cdot \nabla \varphi = 0. \end{cases} \tag{4.29}$$

Notons que l'équation sur φ est redondante car la connaissance de Y permet de résoudre n'importe quelle équation de transport $(\varphi(x,t) = \varphi_0(Y(x,t)))$. Cependant on peut choisir de garder les deux pour des raisons numériques : utiliser l'algorithme de redistanciation sur φ des extrapolations de Y dans le fluide. C'est ce choix qui sera fait dans l'exemple décrit plus bas. Les fluides et solides considérés ici sont visqueux donc

$$\sigma = \mu([\nabla u] + [\nabla u]^T) + \mathcal{H}\left(\frac{\varphi}{\varepsilon}\right)\sigma_S \qquad (4.30)$$

où $\mathcal{H}$ est une fonction de Heaviside régularisée donnée par exemple par

$$\mathcal{H}(r) = \begin{cases} 1 & \text{si } r \leq -1, \\ \dfrac{1}{2}\left(1 - r - \dfrac{\sin(\pi r)}{\pi}\right) & \text{si } -1 \leq r \leq 1, \\ 0 & \text{si } r \geq 1. \end{cases} \qquad (4.31)$$

et 2ε est la largeur de l'interface entre le solide et le fluide. Par conséquent, $\varphi > \varepsilon$ correspond au domaine fluide et $\varphi < -\varepsilon$ au domaine solide. Dans nos simulations, ε est fixé à $2\Delta x$, qui est une valeur standard utilisée dans la littérature pour diffuser l'interface.

4.3.2 Illustrations numériques

Dans les exemples qui suivent, à l'exception de celui de la cellule cardiaque, les schémas numériques pour la résolution des équations (4.29) reposent sur une discrétisation par différences finies ou volumes finis sur grille cartésienne décalée MAC. Une méthode de projection est utilisée pour résoudre les équations de Navier-Stokes incompressibles et des schémas WENO pour la partie transport des caractéristiques rétrogrades. Ces deux équations sont découplées de manière explicite en temps. Les termes de transport et de diffusion sont discrétisés en espace de manière classique avec des schémas décentrés ou centrés. La force élastique est quand à elle discrétisée avec des schémas centrés. Insistons sur le fait que on utilise exactement les mêmes schémas que pour les membranes élastiques avec discrétisation explicite en temps du couplage, avec la différence que la force élastique est localisée sur tout le domaine élastique avec une fonction Heavyside au lieu d'être localisée sur une surface à l'aide d'une masse de Dirac.

Balle élastique dans une cavité entraînée

Nous présentons dans cette section une simulation de la déformation d'une balle élastique dans une cavité entraînée tirée de [46]. Ce cas test a été présenté initialement dans [145] et [134]. La configuration initiale et les paramètres physiques sont donnés dans la Figure 4.2 et la Table 4.1. La vitesse initiale est nulle dans tout le domaine tandis qu'une vitesse horizontale de 1 $m.s^{-1}$ est imposée en haut et une condition de non glissement est imposée aux autres limites. Le calcul est effectué sur un maillage cartésien régulier utilisant 1024^2 points de discrétisation. Le pas de temps de cette simulation est fixé à $\Delta t = 10^{-4}s$. On choisit dans ces simulations la loi de comportement Néo-

Hookéen donnée en 2D par (4.22) avec $J = 1$ et $W = \chi(\text{Tr}(B) - 2)$, soit

$$\sigma_S = 2\chi \left(B - \frac{\text{Tr}(B)}{2} I \right), \tag{4.32}$$

où χ désigne le module élastique. Remarquons que le terme proportionnel à l'identité sera absorbé dans la pression dans cette version incompressible du modèle.

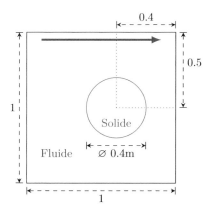

Fig. 4.2: Configuration initiale en 2D de la balle élastique dans une cavité entraînée. Le domaine de calcul est $[0, 1] \times [0, 1]$.

Milieu	ρ $(kg.m^{-3})$	μ (Pa.s)	χ (Pa)
Fluide	1	10^{-2}	$-$
Solide	1	10^{-2}	0.05

Tableau 4.1: Paramètres physiques

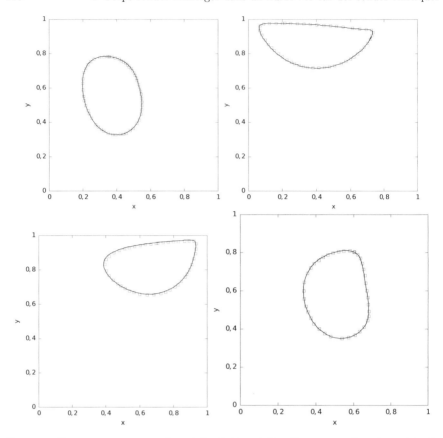

Fig. 4.3: Comparaison entre la méthode Level Set (ligne noire) et la méthode [134] (carrés rouge) pour la position de l'interface aux temps t= 2.34 s, 4.69 s, 5.86 s, 8.20 s (de gauche à droite et de haut en bas). Tiré de [46]

Sur la figure 4.3, l'iso valeur nulle de la fonction level set est présentée à différents instants et comparée aux résultats de [134] utilisant le même maillage mais des schémas numériques différents (transport du tenseur B [134] et transport des caractéristiques rétrogrades Y dans notre méthode).

Battement d'une tige élastique

Nous présentons dans cette section une simulation du battement d'une tige élastique tirée de [46]. Dans ce cas test, initialement présenté dans [139], une fine barre élastique est fixée à un solide rigide circulaire et immergée dans un fluide. La configuration initiale et les paramètres physiques sont décrits dans la figure 4.4 et le tableau 4.2. Un profil horizontal de Poiseuille

$u_L(y) = \frac{1.5y(0.41-y)}{\left(\frac{0.41}{2}\right)^2}$ est imposé à la limite gauche. Des conditions de non glissement sont imposées en haut et en bas et une condition de Neumann à droite assure une sortie libre de l'écoulement. Une vitesse initiale horizontale $U = 1.4$ est imposée dans la partie supérieure $y > 0.2$, tandis que $U = 1.6$ dans la partie inférieure. Le nombre de Reynolds correspondant à cet écoulement basé sur le diamètre du cylindre est pris égal à 100. Le sillage généré derrière la structure élastique est donc laminaire.

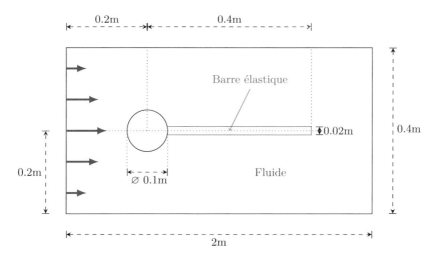

Fig. 4.4: Configuration initiale pour le cas test du battement de la barre. Le domaine de calcul est $[0, 2.5] \times [0, 0.4]$.

Milieu	ρ $(kg.m^{-3})$	μ (Pa.s)	χ (Pa)
Fluide	10^3	1	—
Solide	10^4	1	$0.375\ 10^6$

Tableau 4.2: Paramètres physiques pour le cas test du battement de la barre.

Le calcul est effectué sur un maillage cartésien non uniforme de 1100×400 avec un raffinement de maillage dans la region ou la barre va se déplacer (30 mailles sont utilisées dans l'épaisseur de la structure élastique). La méthode de pénalisation décrite en 5.1 est utilisée pour imposer une vitesse nulle dans le cylindre. Le pas de temps utilisé dans cette simulation est fixé à $\Delta t = 10^{-5}$. La valeur très petite de ce pas de temps est imposée par la raideur importante de la barre élastique, traduite par une valeur élevé du paramètre χ (de l'ordre de 10^6), ce qui rend ce cas très coûteux en temps de calcul.

On présente sur la Figure 4.5 l'isovaleur nulle de la fonction Level Set, donnant la position de la barre élastique, ainsi que la vorticité à différents instants.

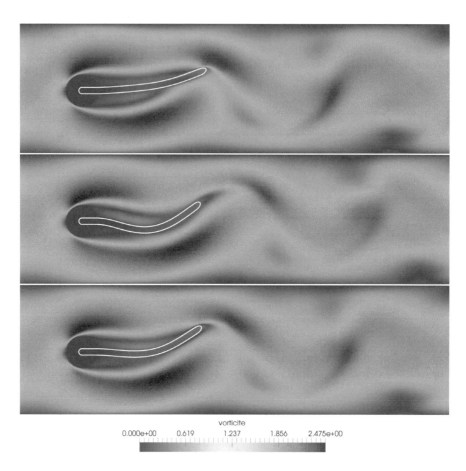

Fig. 4.5: Déformations de la barre élastique aux temps $t = 13.96$, 14.06 et 18.06. Tiré de [45]

Les déplacements horizontaux et verticaux de l'extrémité de la barre sur l'intervalle de temps $[4.4, 5.8]$ sont représentés sur la Figure 4.6 . A partir de ce graphique, on peut estimer les déplacements et fréquences verticales et horizontales et les comparer à la littérature existante dans le tableau 4.3. La méthode utilisée dans [139] est une méthode ALE et celle utilisé dans [10] couple une méthode d'éléments finis dans la barre élastique en formulation lagrangienne à une méthode de frontière immergée pour la partie fluide. Il est délicat de comparer directement les résultats car [139] et [10] utilisent un modèle compressible d'élasticité (lois de Saint Venant-Kirchhoff) alors que le modèle eulérien est complètement incompressible aussi bien pour le solide que pour le fluide. Le paramètre χ a été réglé de manière empirique pour reproduire un comportement physique comparable entre les différents modèles. Malgré des variations entre les différents calculs sur les valeurs des amplitudes, on remarquera qu'ils s'accordent tous sur un rapport proche de 2 entre les fréquences d'oscillations horizontales et verticales.

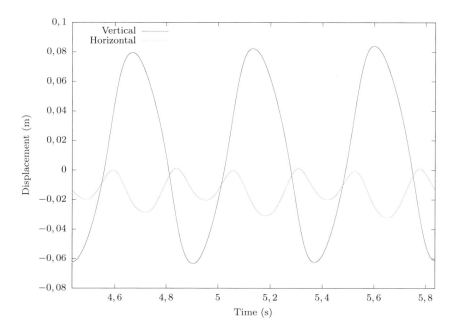

Fig. 4.6: Évolution temporelle des déplacements horizontaux et verticaux de l'extrémité de la barre. Les déplacements sont décalés pour plus de clarté de présentation. Tiré de [45]

	V ampl [m]	H ampl [m]	H freq [s^{-1}]	V freq [s^{-1}]
Méthode Level Set	0.073	0.016	4.30	2.11
[139]	0.083	0.012	3.87	1.9
[10]	0.092	0.018	3.88	1.9

Tableau 4.3: Comparaison entre la méthode Level Set et la littérature pour l'amplitude verticale et horizontale (colonnes 2 et 3) et de la fréquence horizontale et verticale (colonnes 4 et 5) de l'extrémité de la tige.

Atténuation de la houle par des structures élastiques

Nous présentons dans cette section une simulation de l'atténuation de la houle à l'aide de structures élastiques tirée de [45] et [46]. Ce type de calcul peut s'avérer utile pour la conception et le dimensionnement de dispositifs de protection du littoral.

La configuration initiale et les paramètres physiques sont donnés dans les Figures 4.7, 4.8 et la Table 4.4. La vitesse, la pression et le profil de surface libre sont initialement calculés avec la solution théorique d'ondes solitaires du troisième ordre [98]. La profondeur initiale de l'eau est $d = 0.5$ et on a $H/d = 0.06644$, où H est l'amplitude de l'onde. La célérité de l'onde initiale est $c = 2.29$ et sa crête est positionnée à $x = 2$. Une condition de Neumann est imposée sur le bord de droite et une condition de non glissement est imposée sur les autres bords. Le calcul est effectué sur un maillage cartésien régulier utilisant 7000×230 points de discrétisation. On choisit dans cette simulation la loi de comportement Néo-Hookéen donnée en 2D par (4.32).

Milieu	$\rho \ (kg.m^{-3})$	μ (Pa.s)	χ (Pa)
Air	1.177	$1.85 \ 10^{-5}$	-
Eau	10^3	10^{-3}	-
Structure	10^3	10^{-3}	300

Tableau 4.4: Paramètres physiques pour l'interaction houle-structure.

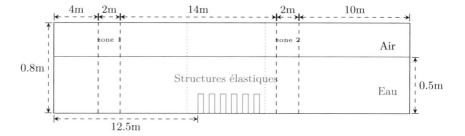

Fig. 4.7: Configuration initiale en 2D pour le cas test de l'atténuation de la houle. Le domaine de calcul est $[0, 32] \times [0, 0.8]$.

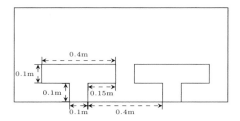

Fig. 4.8: Dimensions de la structure élastique en "T".

On présente sur la Figure 4.9 l'isovaleur nulle de la fonction Level Set ainsi que la vorticité à différents instants. L'énergie de la vague permet de déformer les structures et l'énergie élastique stockée est ensuite libérée sous forme de tourbillons qui sont confinés par la présence de la surface libre. Cela induit des turbulences dans la partie haute de la colonne d'eau (tourbillons et gradients de vitesse élevés), alors que les structures assurent un effet bloquant de l'écoulement dans la partie basse.

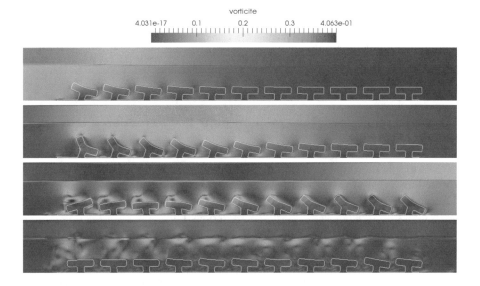

Fig. 4.9: Propagation d'une onde solitaire dans un arrangement de 11 structures élastiques en "T". Tiré de [46]

La Figure 4.10 permet de comparer les comparaisons de l'atténuation d'énergie cinétique en considérant des structures rigides ou élastiques. Dans le cas de structures solides, comme dans l'exemple précédent c'est une méthode de pénalisation qui est utilisée pour imposer l'adhérence du fluide. On observe une atténuation 50% plus importante avec des structures élastiques.

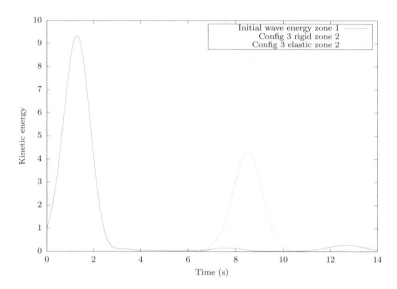

Fig. 4.10: Comparaison de l'atténuation de l'énergie cinétique pour des structures rigides et élastiques. Tiré de [46]

Couplage fluide-structure-calcium pour la contraction d'une cellule cardiaque

L'exemple en dimension 3 que nous donnons maintenant est du domaine de la biophysique et concerne la contraction d'une cellule cardiaque sous l'influence des variations locales de la concentration de calcium. Les cas précédents illustraient la capacité des méthodes Level Set à traiter de grandes déformations. Ici l'intérêt d'une modélisation eulerienne de l'élasticité tient en particulier au fait que les équations qui régissent la concentration de calcium sont de type réaction-diffusion et donc naturellement posées dans un cadre eulerien. Une particularité supplémentaire de cet exemple tient à l'anisotropie du milieu, car les cellules cardiaques sont alignées le long des fibres du muscle cardiaque. Pour prendre en compte cette anisotropie le tenseur des contraintes est généralisé sous la forme :

$$\sigma_0 = -p\mathbb{I} + 2\alpha B + 2\beta(\mathrm{tr}(B)B - B^2) + 2\gamma \nabla Y^{-1}\tau \otimes \nabla Y^{-1}\tau, \qquad (4.33)$$

où α, β et γ sont des coefficients. La présence de calcium dans la cellule se traduit par des contraintes actives qui apparaissent dans le coefficient γ sous

la forme suivante

$$\gamma = \gamma_0 + \gamma'(Z(x,t))$$

où Z désigne la concentration intracellulaire en ions Ca^{2+}, elle-même solution d'une équation de réaction-diffusion, et γ' est une fonction sigmoide. Pour la justification et les détails du modèle ainsi que les valeurs numériques des paramètres nous renvoyons à [99]. La figure 4.11 montre la cellule et les niveaux de calcium à trois instants successifs.

Fig. 4.11: Cellule cardiaque à 3 instants successifs. Les couleurs représentent la concentration de calcium à l'intérieur de la cellule. Tiré de [99].

Cet exemple et ce modèle ont été repris dans une implémentation par éléments finis en dimension 2 dans [120].

4.4 Modèle de couplage fluide / structure élastique en compressible

Nous nous intéressons à la simulation numérique de phénomènes transitoires tels que la propagation d'ondes de choc aux interfaces gaz-eau, la propagation d'ondes élastiques non linéaires d'un solide hyperélastique à un fluide et inversement. Ces phénomènes peuvent être modélisés par un système entièrement eulérien de lois de conservation qui s'applique à tous les matériaux qui sont tous supposés compressibles ; seule la loi de comportement peut changer, reproduisant les caractéristiques mécaniques du milieu considéré. Par exemple, un matériau élastique ou un gaz sera modélisé par le même ensemble d'équations aux dérivées partielles hyperboliques quasi linéaires, à l'exception de la loi de comportement reliant la déformation du matériau et le tenseur des contraintes.

La dérivation systématique de tels modèles à partir des principes de la mécanique des milieux continus, leur cohérence thermodynamique et les modèles de propagation des ondes correspondantes ont été initialement étudiés dans [77]. Leur simulation numérique est délicate car les schémas de Godunov classiques conduisent déjà dans le cas de multi-fluides à des oscillations de pression au niveau de la discontinuité de contact. Dans [1], le mécanisme de perturbation de la pression à l'origine de ce phénomène a été expliqué et une première solution a été proposée. Dans [56] est présentée une solution efficace pour résoudre cette difficulté avec la méthode *ghost fluid* (interface sharp entre les matériaux). Pour les multi-fluides, des améliorations de cette approche nécessitant moins de stockage ont été proposées dans [2] (interface diffuse) et [60] (interface raide).

L'idée commune de ces méthodes est de définir un fluide "fantôme" qui possède des caractéristiques mécaniques continues sur l'interface, mais le même état thermodynamique ou la même équation d'état du fluide réel. Cette hypothèse conduit à des schémas localement non conservatifs, stables et non oscillants à l'interface des matériaux. Une méthode différente a été proposée dans [108], où une technique conservative de type *cut cells* a été développée pour les simulations hyperélastiques et multimatériaux plastiques. Ce schéma est à la base de nombreux autres travaux ultérieurs dans la littérature. Une autre approche est introduite dans [62] pour les interactions entre des solides hyperélastiques et des fluides. Les auteurs conçoivent un modèle conservatif de mélange hors équilibre qui s'adapte aux lois de conservation multimatérielles souhaitées. Dans cette approche, on compromet la raideur de l'interface du matériau pour éviter les oscillations et pour appliquer un solveur HLLC précédemment développé pour un seul matériau dans [72]. D'autres développements de cette méthode incluent la modélisation de la plasticité [63] et une procédure de division de sous-systèmes hyperboliques [61] où chaque sous-système ne comporte que trois ondes au lieu de sept.

L'approche que nous décrivons ci-dessous utilise des schémas d'intégration numérique des lois de conservation Eulériennes de matériaux compressibles hyperélastiques qui simplifient les calculs des flux numériques à l'interface du matériau. Aucun matériau fantôme n'est défini et aucun modèle de mélange n'est nécessaire pour obtenir un schéma non oscillatoire. Les détails de cette méthode ainsi que des simulations sur les choc de bulles et des impacts de projectiles (modélisés avec de la plasticité) sont présentés dans [79, 43, 44] et dans la thèse d'Alexia de Brauer [42]. On présente dans la suite la discrétisation des équations ainsi qu'un exemple de simulation numérique d'impact de projectile de cuivre dans l'air en 3D.

4.4.1 Modèle et loi constitutive en compressible

Une fonction Level Set est utilisée pour suivre l'interface entre deux matériaux.

$$\partial_t \varphi + u \cdot \nabla \varphi = 0. \tag{4.34}$$

Les équations de conservation de la masse, quantité de mouvement et énergie sont données par (4.27) :

$$\begin{cases} \partial_t \rho + \operatorname{div}(\rho u) = 0, \\ \partial_t(\rho u) + \operatorname{div}(\rho u \otimes u - \sigma) = 0, \\ \partial_t(\nabla Y) + \nabla(u \cdot \nabla Y) = 0, \\ \partial_t(\rho e) + \operatorname{div}(\rho e u - \sigma^T u) = 0. \end{cases} \qquad (4.35)$$

En utilisant les équations (2.22) et (2.5) on obtient la relation $\rho = \rho_0(Y)\det(\nabla Y)$. Si ρ_0 est constant, l'équation de conservation de la masse est redondante avec l'équation sur ∇Y. De plus, appliquer le gradient de l'équation sur Y permet de mettre les équations sous forme d'un système hyperbolique mais impose une nouvelle contrainte : $\nabla \times \nabla Y = 0$. Cette dernière est parfois appelée contrainte évolutive et caractérise le fait que la quantité ∇Y doit rester un gradient au cours de son évolution en temps. Certains auteurs imposent cette contrainte en pénalisant les équations [108] ce qui complexifie les modèles et leur résolution numérique. On peut préférer faire le choix de ne pas ajouter cette contrainte. Il est montré dans [43] (Table 3 p. 137) que les schémas numériques permettent de la satisfaire à la précision du schéma numérique près.

On choisit dans ce qui suit une loi de comportement générale qui va nous permettre de modéliser les gaz, fluides et solides élastiques dont l'énergie interne par unité de masse $\varepsilon = e - \frac{1}{2}|u|^2$ est donnée par

$$\varepsilon(\rho,s,\nabla Y) = \overbrace{\underbrace{\frac{e^{\frac{s}{c_v}}}{\gamma-1}\left(\frac{1}{\rho}-b\right)^{1-\gamma} - a\rho}_{\text{gaz de van der Waals}} + \frac{p_\infty}{\rho}}^{\text{solide élastique Néo-hookéen}} + \frac{\chi}{\rho_0}(\operatorname{Tr}(\overline{B})-3) \qquad (4.36)$$

gaz raide

On obtient alors avec (4.26)

$$\sigma(\rho,s,\nabla Y) = -p(\rho,s)I + 2\chi J^{-1}\left(\overline{B} - \frac{\operatorname{Tr}(\overline{B})}{3}I\right), \qquad (4.37)$$

où

$$p(\rho,s) = -p_\infty - a\rho^2 + \kappa(s)\left(\frac{1}{\rho}-b\right)^{-\gamma}. \qquad (4.38)$$

Ici c_v, γ, p_∞, a, b, χ sont des constantes positives qui caractérisent un matériau donné. Les paramètres a et b correspondent aux paramètres de van der Waals. La constante p_∞ permet de modéliser des matériaux fluides ou solides où des forces intermoléculaires sont présentes. Le dernier terme de l'expression d'énergie représente un solide élastique Néo-hookéen où la constante χ est le module d'élasticité de cisaillement.

4.4.2 Schéma numérique

Soit $x = (x_1, x_2, x_3)$ les coordonnées dans la base canonique de $\mathbb{R}^3$. Le système d'équations (4.27) se réécrit de manière compacte

$$\partial_t \Phi + \partial_{x_1}(G^1(\Phi)) + \partial_{x_2}(G^2(\Phi)) + \partial_{x_3}(G^3(\Phi)) = 0 \qquad (4.39)$$

On discrétise (4.39) avec une méthode de volumes finis sur un maillage cartésien. Soit Δx_i le pas d'espace dans la direction x_i et $\Omega_{i,j,k}$ le volume de contrôle centré sur le noeud $(i\Delta x_1, j\Delta x_2, k\Delta x_3)$. La semi-discrétisation en espace de (4.39) sur $\Omega_{i,j,k}$ s'écrit

$$\partial_t \Phi_{i,j,k} + \frac{G^1_{i+1/2,j,k} - G^1_{i-1/2,j,k}}{\Delta x_1} + \frac{G^2_{i,j+1/2,k} - G^2_{i,j-1/2,k}}{\Delta x_2}$$
$$+ \frac{G^3_{i,j,k+1/2} - G^3_{i,j,k-1/2}}{\Delta x_3} = 0 \quad (4.40)$$

Les flux dans (4.40) sont calculés par des solveurs de Riemann approchés unidimensionnels dans la direction orthogonale aux faces des cellules du maillage cartésien. Par conséquent, nous avons

$$G^1_{i-1/2,j,k} \approx \mathcal{F}(\Phi_{i-1,j,k}; \Phi_{i,j,k}) \qquad G^1_{i+1/2,j,k} \approx \mathcal{F}(\Phi_{i,j,k}; \Phi_{i+1,j,k}) \qquad (4.41)$$

$$G^2_{i,j-1/2,k} \approx \mathcal{F}(\Phi_{i,j-1,k}; \Phi_{i,j,k}) \qquad G^2_{i,j+1/2,k} \approx \mathcal{F}(\Phi_{i,j,k}; \Phi_{i,j+1,k}) \qquad (4.42)$$

$$G^3_{i,j,k-1/2} \approx \mathcal{F}(\Phi_{i,j,k-1}; \Phi_{i,j,k}) \qquad G^3_{i,j,k+1/2} \approx \mathcal{F}(\Phi_{i,j,k}; \Phi_{i,j,k+1}) \qquad (4.43)$$

où $\mathcal{F}(\cdot\,;\,\cdot)$ est le flux numérique. Les flux sont les mêmes dans les trois directions spatiales, on considère donc le problème unidimensionel dans la direction x_1

$$\partial_t \Psi + \partial_{x_1}(F(\Psi)) = 0 \qquad (4.44)$$

On peut alors montrer que les vitesses des ondes (valeurs propres de $F'(\Psi)$) sont de la forme

$$\Lambda^E = \left\{ u_1, u_1, u_1 \pm \sqrt{\frac{\alpha_1}{\rho}}, u_1 \pm \sqrt{\frac{\alpha_2}{\rho}}, u_1 \pm \sqrt{\frac{\alpha_3}{\rho}} \right\} \qquad (4.45)$$

où α_1, α_2 et α_3 dépendent des variables conservatives. On consultera [43] pour une expression exacte de ces vitesse des ondes.

Considérons l'équation (4.44) avec la condition initiale

$$\Psi(x, t = 0) = \begin{cases} \Psi_l \text{ if } x \leq 0 \\ \Psi_r \text{ if } x > 0, \end{cases} \tag{4.46}$$

La fonction de flux numérique $\mathcal{F}(\Psi_l; \Psi_r)$ à l'interface $x = 0$ est déterminée à l'aide d'un solveur approché de Riemann HLLC [138]. Bien que le modèle exact implique sept ondes distinctes, voir (4.45), le solveur approche la solution en utilisant uniquement trois ondes, la discontinuité de contact $u_1^\star$ et les ondes les plus rapides s_l et s_r, ce qui introduit seulement deux états intermédiaires Ψ^- et Ψ^+ (voir la Figure 4.12).

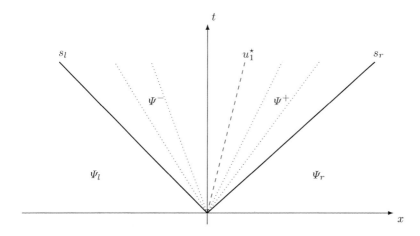

Fig. 4.12: Representation des ondes dans le solveur HLLC.

Le schéma HLLC est basé sur l'hypothèse que chaque onde est un choc et les relations Rankine-Hugoniot donnent

$$\begin{cases} F(\Psi_r) - \mathcal{F}^+ = s_r(\Psi_r - \Psi^+) \\ \mathcal{F}^+ - \mathcal{F}^- = u_1(\Psi^+ - \Psi^-) \\ \mathcal{F}^- - F(\Psi_l) = s_l(\Psi^- - \Psi_l) \end{cases} \tag{4.47}$$

Ces relations permettent de déterminer complètement les états $\Psi^\pm$ et leurs flux associés $\mathcal{F}^\pm$. Le flux numérique en $x = 0$ est alors donné par

$$\mathcal{F}(\Psi_l; \Psi_r) = \begin{cases} F(\Psi_l) & \text{if} & 0 \leq s_l \\ \mathcal{F}^- & \text{if} & s_l \leq 0 \leq u_1^\star \\ \mathcal{F}^+ & \text{if} & u_1^\star \leq 0 \leq s_r \\ F(\Psi_r) & \text{if} & s_r \leq 0 \end{cases} \tag{4.48}$$

A l'interface entre deux matériaux, on utilise les flux $\mathcal{F}^\pm$ ce qui conduit, comme pour les schémas de type *ghost fluid*, à un schéma localement non conservatif car $\mathcal{F}^- \neq \mathcal{F}^+$, mais il est consistant puisque $\mathcal{F}^\pm$ sont des fonctions assez régulières des états à gauche et à droite de l'interface et $\mathcal{F}^+ = \mathcal{F}^-$ lorsque ces états sont identiques. Dans [79], on a montré que l'erreur de conservation est négligeable car le nombre de cellules pour lesquelles un flux numérique non conservatif est utilisé est toujours négligeable par rapport au nombre total de mailles. Le schéma est étendu à l'ordre 2 en espace en utilisant une reconstruction de pente linéaire par morceaux MUSCL avec un limiteur minmod. On utilise un schéma de type Runge-Kutta 2 en temps et le pas de temps est limitée par les vitesses des ondes les plus rapides pour la stabilité numérique. De manière cohérente avec une approche complètement Eulérienne, une fonction Level Set est utilisée pour suivre l'interface séparant différents matériaux :

$$\partial_t \varphi + u \cdot \nabla \varphi = 0. \tag{4.49}$$

Cette équation est discrétisée avec un schéma WENO 5 [91] et on utilise un schéma de type Runge-Kutta 2 en temps.

4.4.3 Illustrations numériques

Impact d'une plaque de cuivre dans l'air

Nous présentons une simulation de l'impact d'un projectile à 800 m.s^{-1} sur une plaque dans l'air tirée de [43]. La configuration initiale et les paramètres physiques sont décrits sur la Figure 4.13 et le tableau 4.5. Dans cette simulation, le projectile et la plaque sont adjacents à l'instant initial. Le projectile et la plaque forment un seul matériau et sont décrits par la même fonction level set. Des conditions limites de Neumann sont imposées aux bords du domaine et le calcul est effectué sur 216 processeurs pendant 60h avec un maillage de 600^3 points de discrétisation.

Media	ρ [kg.m^{-3}]	u_1 [m.s^{-1}]	p [Pa]	γ	a [Pa.kg^{-2}m^6]	b [kg^{-1}m^3]	p_∞ [Pa]	χ [Pa]
Copper (plate)	8900	0	10^5	4.22	0	0	$3.42 \cdot 10^{10}$	$5 \cdot 10^{10}$
Copper (projectile)	8900	u_p	10^5					
Air	1	0	10^5	1.4	0	0	0	0

Tableau 4.5: Description des cas tests.

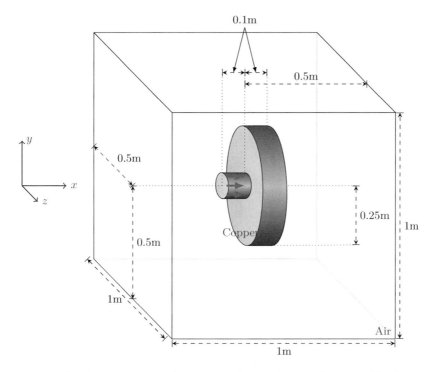

Fig. 4.13: Configuration initiale 3D pour le cas de test d'impact. Le domaine de calcul est $[-0.5, 0.5]^3$ m.

Les résultats sont présentés sur la Figure 4.14. Le matériau élastique se déforme et oscille tout en se déplaçant vers la droite.

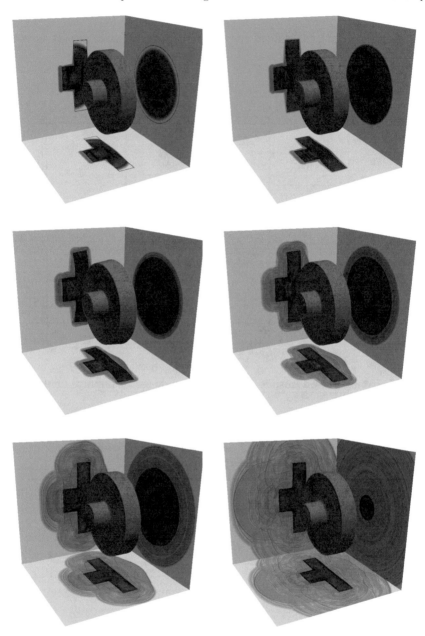

Fig. 4.14: Impact d'un projectile sur une plaque cylindrique à la vitesse de $800\mathrm{m.s}^{-1}$. Images Schlieren (norme du gradient de densité) des coupes en $x = 0.03\mathrm{m}$, $y = 0\mathrm{m}$ et $z = 0\mathrm{m}$ et iso-zéro de la fonction level set aux temps $t = 24\mu\mathrm{s}$, $t = 43\mu\mathrm{s}$, $t = 88\mu\mathrm{s}$, $t = 178\mu\mathrm{s}$, $t = 355\mu\mathrm{s}$ et $t = 710\mu\mathrm{s}$ de gauche à droite et de haut en bas. Tiré de [43]

Chapitre 5
Corps solides immergés dans un fluide incompressible : le cas des solides rigides

La manière traditionnelle de traiter l'interaction d'un fluide avec un solide rigide est de résoudre les équations de Navier-Stokes dans le fluide, en utilisant un maillage s'appuyant sur le solide, de calculer à partir de la solution de ces équations les forces s'exerçant sur le solide, et de faire évoluer le solide en utilisant ces forces.

Si l'on cherche à éviter d'utiliser un maillage adapté, une approche de type domaine fictifs [76, 75] consiste à utiliser les équations de Navier-Stokes dans un domaine de calcul incluant les solides et à traiter les contraintes de non-déformation des solides rigides à l'aide de multiplicateurs de Lagrange dans un cadre variationnel.

Une autre approche, extension des méthodes développées dans ce livre dans un cadre Eulérien, peut être aussi de considérer ce problème d'interaction fluide-structure comme un cas limite des cas d'élasticité vus précédemment, par exemple en considérant la surface du solide comme une membrane élastique, avec une raideur tendant vers l'infini. Cependant cette approche peut se révéler inefficace pour 2 raisons. D'une part elle fait intervenir artificiellement des contraintes de stabilité très contraignante, et, d'autre part, elle risque de faire subsister des faibles déformations dans le solide rigide.

Une troisième approche, suggérée par Patankar, [126], consiste à traiter le système fluide/solide comme un écoulement à densité variable, et à projeter à chaque pas de temps le champ de vitesse dans la phase solide sur les champs correspondant aux déplacements rigides. Dans la suite, c'est à ce type de méthodes que nous nous attachons. Plus précisément nous décrivons une généralisation de la méthode de Patankar dans un formalisme continu en temps s'appuyant sur une méthode de pénalisation. Au préalable nous rappelons la définition de la méthode de pénalisation pour un écoulement autour d'un obstacle ayant une vitesse déterminée.

The Author(s), under exclusive license to Springer Nature Switzerland AG 2021   125
G.-H. Cottet et al., *Méthodes Level Set pour l'interaction fluide-structure*,
Mathématiques et Applications 86, https://doi.org/10.1007/978-3-030-70075-1_5

5.1 La méthode de pénalisation pour un solide de vitesse donnée

Cette méthode proposée à l'origine par Caltagirone [26] et analysée par Angot, Bruneau et Fabrie [5] consiste à résoudre le système suivant, dans un domaine Ω contenant fluide et solide :

$$\partial_t u_\eta + u_\eta \cdot \nabla u_\eta + \nabla p - \mu \Delta u_\eta = \eta^{-1} \chi_S (u^S - u_\eta), \tag{5.1}$$

$$\operatorname{div} u_\eta = 0. \tag{5.2}$$

Dans ces équations, on a supposé la densité du fluide égale à 1, S désigne le solide et χ_S sa fonction caractéristique et u^S sa vitesse. Le paramètre $\eta << 1$ est le coefficient de pénalisation. L'interprétation de ce système est simple : en dehors du solide (où χ_S est nul) il se réduit à l'équation du fluide, et dans le solide, les termes prépondérants de l'équation assurent que la vitesse coïncide avec celle du solide. L'analyse donnée dans [5] confirme que lorsque η tend vers zéro, la solution de (5.1) tend vers celle des équations de Navier-Stokes dans le domaine fluide, avec condition limite d'adhérence aux parois du solide.

Sans aller dans les détails de ce résultat et de sa preuve on peut remarquer que si on suppose pour simplifier que u^S est indépendant de t et $u_\eta = 0$ sur $\partial\Omega$ (on rappelle que Ω est le domaine de calcul englobant le fluide et le solide), en multipliant l'équation (5.1) par $u_\eta - u^S$ on trouve facilement

$$\frac{1}{2}\frac{d}{dt}\|u_\eta - u^S\|_2^2 + \mu\|\nabla(u_\eta - u^S)\|_2^2 + \eta^{-1}\int_S |u_\eta - u^S|^2 dx = 0,$$

ce qui montre que pour tout $T > 0$

$$u_\eta - u^S \to 0 \text{ dans } L^2([0,T] \times S), \text{ lorsque } \eta \to 0.$$

Dans toute la suite, pour alléger l'écriture, on oubliera l'indice η dans la notation des approximations des inconnues.

5.2 Le cas d'un solide rigide en interaction avec le fluide

Dans le cas où la vitesse du solide n'est pas donnée, mais résulte des forces hydrodynamiques exercées sur le solide, il suffit de reprendre l'équation de pénalisation 5.1 en la couplant avec, d'une part une équation exprimant le transport du solide avec la vitesse fluide, d'autre part une équation donnant la vitesse du solide comme projection sur les déplacements rigides. On obtient le système suivant, en considérant le cas, pour simplifier l'écriture, d'un seul objet rigide :

$$\partial_t(\rho u) + \mathrm{div}(\rho u \otimes u) - \mu \Delta u + \nabla p + \frac{1}{\eta}\chi^S(u - u^S) = \rho g \qquad (5.3)$$

$$\mathrm{div}\, u = 0, \qquad (5.4)$$

$$u^S = \frac{1}{M}\int_\Omega \rho u \chi^S \, dx + \left(J^{-1}\int_\Omega \rho(r \times u)\chi^S \, dx\right) \times r, \qquad (5.5)$$

$$\partial_t \rho + u \cdot \nabla \rho = 0, \qquad (5.6)$$

$$\partial_t \chi^S + u \cdot \nabla \chi^S = 0. \qquad (5.7)$$

Dans l'équation (5.5) $M = \int \rho \chi^S$ désigne la masse du solide et on a inclut l'effet de la gravité avec le terme ρg dans le membre de droite de (5.4). Comme nous le verrons plus bas, la vitesse u^S est la vitesse du solide obtenue par projection des vitesses du fluide sur les déplacements rigides. La notation J ci-dessus désigne le tenseur d'inertie du solide, défini par

$$J = \int_\Omega \rho \chi^S (r^2 \mathbb{I} - r \otimes r)\, dx$$

où $r = x - \int_\Omega \rho \chi^S x\, dx$.

Dans le système ci-dessus il est important de distinguer les densités du fluide et du solide, ce qui conduit à ajouter l'équation de conservation de la masse (5.6) pour la densité ρ. Si le fluide a une densité uniforme ρ_f et le solide une densité ρ_S on peut faire évidemment l'économie de l'équation (5.6) et écrire directement

$$\rho = \rho_f + (\rho_S - \rho_f)\chi^S.$$

L'équation (5.7) peut être remplacée par une équation de transport sur une fonction level set dont la surface de valeur zéro correspond à la surface de l'objet et positive à l'intérieur de l'objet :

$$\partial_t \varphi^S + u \cdot \nabla \varphi^S = 0. \qquad (5.8)$$

La fonction indicatrice du solide est ensuite donnée par

$$\chi^S = \mathcal{H}(\varphi^S)$$

où $\mathcal{H}$ désigne la fonction de Heaviside, éventuellement régularisée comme on l'a fait dans les chapitres précédents. La démonstration de la convergence des solutions de ce système, lorsque η tend vers 0, vers la solution du système couplé fluide-solide rigide, est très technique et nous renvoyons le lecteur à [20]. Cependant, pour vérifier la consistance de la méthode, il est utile et simple de vérifier que le champ de vitesse défini par (5.5) est bien la projection de u sur les déplacements rigides.

Soit en effet un champ de vitesse u et une densité ρ définis dans $L^2(\Omega)$, χ^S la fonction caractéristique d'un ouvert S, et $V(u)$, $\omega(u)$ les vitesse et rotation moyennes dans S définies par (5.5) :

$$V(u) = \frac{1}{M} \int_\Omega \rho u \chi^S \, dx \,, \; \omega(u) = J^{-1} \int_\Omega \rho(r(x) \times u) \chi^S \, dx,$$

où $r = x - M^{-1} \int_\Omega \rho \chi^S x \, dx$ et M et J désignent la masse et le tenseur d'inertie définis plus haut.

Proposition 5.1. *Soit ξ un déplacement rigide, i.e. tel que $\xi(x) = V_\xi + \omega_\xi \times r(x)$ où V_ξ et ω_ξ sont de vecteurs donnés de $\mathbb{R}^3$. Alors*

$$\int_\Omega \chi^S(x)(V(u) + \omega(u) \times r - u(x)) \cdot \xi(x) \, dx = 0. \qquad (5.9)$$

Preuve. On peut écrire

$$\int_\Omega \rho \chi^S [u - (V(u) + \omega_u \times r)] \cdot [V(\xi) + \omega(\xi) \times r] \, dx$$

$$= V(\xi) \cdot \int_\Omega \rho \chi^S u \, dx + \omega(\xi) \cdot \int_\Omega \rho \chi^S (r \times u) \, dx - V(u) \cdot V(\xi) \int_\Omega \rho \chi^S \, dx$$

$$- V(u) \cdot \left(\omega(\xi) \times \int_\Omega \rho \chi^S r(x) \, dx \right) - V(\xi) \cdot \left(\omega(u) \times \int_\Omega \rho \chi^S r(x) \, dx \right)$$

$$- \int_\Omega \rho \chi^S (\omega(u)) \times r) \cdot (\omega(\xi) \times r(x)) \, dx$$

$$= V(\xi) \cdot (MV(u)) + \omega(\xi) \cdot (J\omega(u)) - V(u) \cdot (MV(\xi))$$

$$- V(u) \cdot \left(\omega(\xi) \times \int_\Omega \rho \chi^S r(x) \, dx \right) - V(\xi) \cdot \left(\omega(u) \times \int_\Omega \rho \chi^S r(x) \, dx \right)$$

$$- \int_\omega \rho \chi^S (\omega(u) \times r) \cdot (\omega_\xi \times r) \, dx.$$

Comme $(\omega(u) \times r) \cdot (\omega(\xi) \times r) = (\omega(\xi) \cdot \omega(u) r^2 - (r \cdot \omega(\xi))(r \cdot \omega(u))$, on a $\int_\Omega \rho \chi^S (\omega(u) \times r) \cdot (\omega_\xi \times r) \, dx = \omega(\xi) \cdot (J\omega(u))$.

Enfin, par définition de r, $\int_\Omega \rho \chi^S r \, dx = 0$, si bien qu'on obtient

$$\int_\Omega \rho \chi^S (u - V(u) - \omega(u) \times r) \cdot \xi \, dx = \omega(\xi) \cdot (J\omega(u)) - \omega(\xi) \cdot (J\omega(u)) = 0.$$

$\square$

Il faut signaler qu'il est également naturel de traiter les problèmes d'interaction fluide-structure rigide avec une autre méthode de pénalisation, à savoir en pénalisant les déformations de l'objet rigide. Dans [88] par exemple, la formulation variationnelle des équations de Navier-Stokes est traitée classiquement comme un problème de minimisation et un terme de pénalisation de la déformations dans le solide est ajouté à la fonctionnelle à minimiser pour assurer un déplacement rigide dans celui-ci. L'inconvénient de cette méthode est qu'elle est susceptible de laisser subsister de faibles déformations dans le solide, ce qui peut être une difficulté dans des simulations sur des temps longs ou dans des écoulements très irréguliers.

Pour terminer cette section, notons que, si un intérêt principal des méthodes de pénalisation est de permettre d'éviter les calculs des forces pour déterminer la dynamique du système fluide-solide, la méthode de pénalisation sur les vitesses permet de calculer *a posteriori* et de manière très simple ces forces. En effet, suivant [5], on peut écrire la relation suivante pour les forces exercées sur le solide S

$$\int_{\partial S} \sigma(u,p) \cdot n = \lim_{\eta \to 0} \frac{1}{\eta} \int_{\Omega} \chi^S(u^S - u)\, dx, \qquad (5.10)$$

où $\sigma_{ij}(u,p) = \mu(\partial_{x_j} u_i + \partial_{x_i} u_j) - p\delta_{ij}$ désigne le tenseur des contraintes. Dans la formule ci-dessus, on rappelle que, par abus de notation, u dénote la solution du système (5.3)-(5.7), et dépend donc évidemment de η.

5.3 Remarques sur la mise en oeuvre numérique

La méthode décrite ci-dessus peut être mise en oeuvre avec toute méthode de discrétisation des équations de Navier-Stokes incompressibles. Typiquement, une méthode naturelle de splitting consiste à résoudre pour chaque pas de temps à enchaîner les étapes suivantes

(i) résolution de l'équation de Navier-Stokes :

$$\partial_t(\rho u) + \operatorname{div}(\rho u \otimes u) - \mu \Delta u = \rho g, \qquad (5.11)$$

(ii) calcul de u^S sur la base de l'équation (5.5) utilisant le résultat de (5.11),

(iii) prise en compte du terme de pénalisation en résolvant l'équation

$$\partial_t(\rho u) = \frac{1}{\eta} \chi^S(u - u^S) \qquad (5.12)$$

(iv) addition d'un gradient de pression de manière à rendre le champ de vitesse final à divergence nulle, en résolvant l'équation

$$\Delta p = \operatorname{div} u^*, \qquad (5.13)$$

associée aux conditions limites souhaitées aux bords du domaine de calcul Ω, où u^* désigne le résultat des étapes précédentes,

(v) et finalement advection de la fonction Level Set donnant l'interface fluide-solide et la fonction caractéristique du solide.

Les équations (5.11) et (5.13) sont résolues en prenant en compte les conditions limite aux bornes du domaine de calcul (domaine indépendant de l'interface fluide-solide).

La discrétisation en temps de l'équation (5.12) appelle quelques remarques. Faisant, pour simplifier l'écriture, l'hypothèse d'une densité uniforme dans le système fluide-solide, une discrétisation explicite de cette équation donne la formule

$$u' = u + \frac{\Delta t}{\eta} \chi^S (u^S - u)$$

où Δt désigne le pas de temps, u^S désigne la vitesse du solide définie par (5.5) et u est la vitesse résultant des étapes précédentes. De manière équivalente on obtient

$$u' = u' \left(1 - \frac{\Delta t}{\eta} \chi^S \right) + \frac{\Delta t}{\eta} \chi^S u^S.$$

On voit que dans le cas particulier où $\Delta t = \eta$ on obtient pour u' la projection de u sur les vitesses correspondant aux déplacements rigides. Dans cas la méthode de pénalisation coïncide avec la méthode de projection de [126]. Par ailleurs la condition $\Delta t \leq \eta$ apparait comme une condition nécessaire pour assurer la stabilité de cette étape. Cependant comme on le verra plus tard il est important en pratique de prendre des coefficients η très petits, pour assurer une bonne continuité des vitesses à l'interface solide-liquide, ce qui requiert avec cette méthode de discrétisation un pas de temps qui peut se révéler prohibitif. Cependant un schéma implicite en temps pour l'étape de pénalisation est très simple à écrire et n'entraîne pas de surcoût par rapport au schéma explicite. Il s'écrit, comme pour la méthode d'origine [5]

$$u' \left(1 + \frac{\Delta t}{\eta} \chi^S \right) = u + \frac{\Delta t}{\eta} \chi^S u^S,$$

ou encore

$$u' = \frac{u + \Delta t \chi^S u^S / \eta}{(1 + \Delta t \chi^S / \eta)}. \tag{5.14}$$

Ce schémas est évidemment monotone (au sens où si u^S et u sont positifs, il en est de même de u') pour toute valeur du pas de temps. Il permet donc d'utiliser des petites valeurs de η, et donc d'assurer une bonne continuité des vitesses aux parois, sans avoir à utiliser des pas de temps prohibitivement petits. On verra ci-dessous des illustrations numériques de ces propriétés.

Une dernière remarque concernant la mise en oeuvre de ces méthodes concerne le suivi du ou des solides. L'équation de transport (5.7), même si elle est résolue avec une méthode précise peut entraîner une distorsion des solides, d'autant que la continuité des vitesse aux parois du solide n'est pas assurée de manière exacte. On peut faire l'économie de la résolution de cette équation et éviter cette source d'erreur en utilisant le fait que le déplacement de solides rigides est une opération purement algébrique qui peut se faire de manière exacte. On commence par remplacer l'équation (5.7) par une équation d'advection avec la vitesse du solide :

$$\partial_t \varphi^S + u^S \cdot \nabla \varphi^S = 0.$$

Considérons les caractéristiques X associées au champ de vitesse u^S et notons $X_n = X(t_n; x, 0)$ pour un point x dans le solide. En faisant le choix d'un champ de vitesse constant entre 2 pas de temps t_n et t_{n+1}, on peut déduire X_{n+1} de X_n par rotation et translation. Plus précisément si on pose

$$\theta^n = |\omega^n| \Delta t \, , \, \frac{\omega^n}{|\overline{\omega}^n|} = (\alpha, \beta, \gamma),$$

où ω^n désigne le rotationnel de la vitesse du solide u^S au temps t_n, considérons la rotation autour du centre de gravité $\mathbf{c}_n$ de S au temps t_n de matrice

$$R^n = \begin{bmatrix} 1 - 2b^2 - 2z^2 & 2ab - 2cd & 2ac + 2bd \\ 2ab + 2cd & 1 - 2a^2 - 2c^2 & 2bc - 2ad \\ 2ac - 2bd & 2bc + 2ad & 1 - 2a^2 - 2b^2 \end{bmatrix}$$

où

$$a = \alpha \sin \frac{\theta^n}{2}, b = \beta \sin \frac{\theta^n}{2}, c = \gamma \sin \frac{\theta^n}{2}, d = \cos \frac{\theta^n}{2}.$$

Avec ces notations, le déplacement rigide de S peut s'écrire exactement

$$X^{n+1} = \mathbf{c}^n + u^S \Delta t + R^n (X^n - \mathbf{c}^n).$$

De proche en proche on peut calculer les matrices $\mathcal{M}^n$ et les vecteurs V^n, tels que

$$X^{n+1} = \mathcal{M}^{n+1} X^0 + V^{n+1}.$$

Ce qui précède permet donc de calculer $X^0 = x$ à partir de X^{n+1}. Pour calculer la fonction level set φ au temps t_{n+1} il suffit donc de faire ce calcul en chaque point de grille puis d'interpoler la fonction level set initiale (construite à partir du solide au temps initial) aux points X^0 correspondants.

5.4 Extensions de la méthode de pénalisation

Un intérêt de la méthode de pénalisation décrite ci-dessus est la possibilité d'ajouter simplement à la dynamique des solides des forces extérieures autres que celles provenant de l'hydrodynamique.

Un premier exemple est donné dans [73]. Il s'agit dans ce cas d'ajouter aux vitesses obtenues par moyennes sur la phase solide, et donc résultant des forces hydrodynamiques, un champ de vitesse associé à des déformations prescrites a priori dans le solide. L'application visée est la nage de poissons anguilliformes et les déformations sont calculées à partir de modèles basées sur une distribution d'épaisseurs du solide autour d'une arête, elle même définie par une distribution de courbure variable dans le temps et définissant les mouvements ondulatoires du nageur. Par dérivation par rapport au temps, ces déformations permettent de définir un champ de vitesse dans le solide u_{def}. Ce champ de vitesse est ajouté au champ de vitesse défini par (5.5) et inséré dans le terme de pénalisation dans le membre de droite de (5.3). Du fait que u_{def} n'est en général pas à divergence nulle, le calcul du terme de pression dans l'équation de Navier-Stokes doit prendre en compte cette divergence.

Un autre extension donnée dans [33, 9] consiste à ajouter une force élastique dans le calcul de vitesse du solide. On peut par exemple considérer le cas d'un objet attaché à un ressort, maintenu dans la direction orthogonale au ressort et libre de ses mouvements dans la direction du ressort. Dans ce cas là, à partir de la position du centre de gravité du solide la force de rappel du ressort permet de calculer une accélération de l'objet dans la direction du ressort et la vitesse calculée par (5.5) peut être actualisée à chaque pas de temps en l'incrémentant de cette accélération. Le terme de pénalisation dans le membre de droite de (5.3) est calculé à partir de la vitesse résultant de cette opération.

Ces différentes extensions seront détaillées et illustrées dans le paragraphe qui suit.

5.5 Illustrations numériques

Pour introduire ce paragraphe, commençons par le cas simple de la chute libre d'un objet sous l'effet de la gravité dans un fluide. La figure 5.1 reprise de [20] traite du cas d'un cylindre bi-dimensionnel. Y sont tracées les vitesses dans une coupe horizontale passant par le centre du cylindre pour différentes valeur du paramètre η.

Le système (5.3)-(5.7) est discrétisé par la méthode de projection décrite plus haut, utilisant une grille décalée. Pression et fonction caractéristique du solide sont calculées au même point, les composantes de la vitesse étant elles classiquement décalées d'une demi-maille à gauche ou en haut, ce qui assure que la contrainte de divergence nulle est exactement satisfaite. Le transport de la fonction caractéristique est assuré par une méthode WENO d'ordre 5. La boite de calcul est $[0,2] \times [0,6]$, le cylindre a un diamètre de 0.250 et une densité 1.5 pour un fluide de densité 1. L'accélération de la pesanteur g est prise égale à 980. Le pas d'espace est $\Delta x = 1/256$ et le pas de temps est

$\Delta t = 10^{-4}$ ce qui correspond à une CFL de l'ordre de 0.3 au temps $t = 0.1$. On peut voir que le profil de vitesse converge bien lorsque η atteint des petites valeurs (à partir de $\eta = 10^{-6}$), et aussi que le schéma explicite avec $\eta = \Delta t$, qui correspond à la méthode de [126], sous-évalue la vitesse du cylindre d'environ 10%, ce qui justifie l'utilisation de petites valeurs de η et donc l'utilisation d'une méthode implicite pour l'équation de pénalisation.

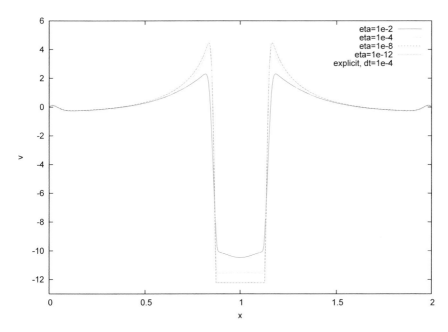

Fig. 5.1: Profils de vitesse pour la sédimentation d'un cylindre avec différentes valeurs du coefficient de pénalisation. Tiré de [20].

Chute de 2 sphères en tandem

Le deuxième exemple est tiré de [34] et corrobore cette constatation. Il s'agit du cas tridimensionnel dit du "kissing and tumbling" de deux sphères. Deux sphères situées initialement l'une au-dessus de l'autre chutent par gravité. Dans un premier temps elles tombent avec la même accélération. Dans un deuxième temps le sillage produit par la première permet à la seconde de la rattraper. Une troisième phase conserve les deux sphères au contact, puis ce système est rapidement déstabilisé et les deux sphères se séparent à nouveau. Dans cette expérience le contact entre les sphères est pris en compte par des forces de répulsion décrites en section 6.1.2.

La figure 5.2 représente la vitesse verticale des deux sphères obtenue avec la méthode de pénalisation, la méthode de projection de [126], et la méthode variationnelle de [75]. On voit sur cette figure que la méthode de pénalisation

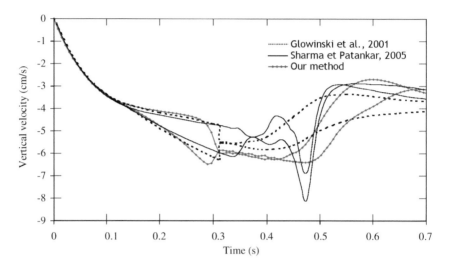

Fig. 5.2: Evolution des vitesses verticales de deux sphères dans une simulation de "kissing-tumbling". résultats obtenus avec la méthode de Patankar [126] (ligne continue), la méthode de domaine fictif [75] (pointillés) et la méthode de pénalisation (-.-, rouge)[34].

et la méthode variationnelle de [75] sont en bon accord qualitatif, notamment pour le temps de contact et la dynamique de séparation. Seuls la durée du contact diffère. Ce n'est pas surprenant dans la mesure où l'équilibre des sphères au contact en position verticale est instable dès que la vitesse des sphères est suffisamment grande et sa durée dépend donc fortement de la réponse de l'algorithme à cette instabilité. Par contre les résultats diffèrent rapidement de ceux obtenus avec la méthode de projection de [126], qui pourtant est conceptuellement proche de la méthode de pénalisation. La raison de cet écart tient probablement à une meilleure prise en compte de la continuité des vitesses liées aux grandes valeurs permises par la méthode implicite (5.14) dans la méthode de pénalisation, ce qui confirme les résultats de la figure 5.1.

Ecoulements autour d'obstacles oscillant

Les deux exemples qui suivent illustrent des extensions de la méthode de pénalisation évoquées au paragraphe précédent. Dans ces exemples la méthode numérique utilisée pour la discrétisation numérique des équations de Navier-Stokes est une méthode semi-lagrangienne basée sur une formulation vitesse-tourbillon des équations.

Considérons tout d'abord le cas d'un cylindre bi-dimensionnel monté sur un ressort (figure 5.3) et entraîné dans un écoulement uniforme transverse au ressort. Le mouvement du cylindre est contraint dans l'axe du ressort. Si x_G désigne le centre du cylindre et x_0 sa position au repos, le cylindre subit donc une force égale à

$$F_e = -\frac{k}{m}(x_G - x_0)$$

où k est la raideur du ressort et m sa masse, avec $m = \int_\Omega \rho \chi^S \, dx$. Dans [9] la méthode implémentée peut se résumer en les étapes suivantes, pour chaque itération en temps :

— utiliser la méthode de pénalisation (5.1) pour résoudre les équations de Navier-Stokes avec vitesse sur l'obstacle prescrite
— utiliser (5.10) pour en déduire les forces hydrodynamiques exercées sur le solide
— ajouter la forces de résistance du ressort et (éventuellement) les forces de gravité
— utiliser la force résultante pour mettre à jour la position et la vitesse du solide.

L'approche suivie dans [33] consiste à résoudre les équations de Navier-Stokes avec densité variable (5.3)-(5.7) pour le problème d'interaction d'interaction complet, et à ajouter à la vitesse obtenue par (5.5) l'accélération résultant de la résistance du ressort. Pour traiter cette force extérieure il suffit d'ajouter au membre de droite de l'équation (5.5) le terme $-k(x_G - x_0)$ avec $x_G = \int_\rho x \chi^S \, dx$. C'est cette méthode que nous illustrons plus bas. Elle est plus directe que la méthode de [9] mais nécessite dans le cas général de résoudre les équations de Navier-Stokes à densité variable.

Dans les résultats qui suivent le cylindre et le fluide ont des masses uniformes ρ_S et ρ_f respectivement, et on utilise les normalisations de [128] à savoir

$$m^\star = \frac{\pi}{2}\frac{\rho_S}{\rho_f} \, , \, k^\star = \frac{2k}{\rho_f}$$

Si $f^\star$ est la fréquence propre du système, correspondant au nombre de Strouhal du sillage du cylindre, la résonance avec cette fréquence est atteinte pour

$$k^\star_{eff} = k^\star - 4\pi^2 f^\star m^\star = 0.$$

Les paramètres utilisés dans ces simulations sont les suivants :

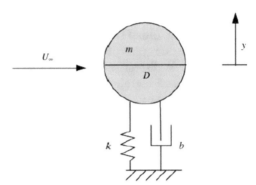

Fig. 5.3: schéma correspondant à l'oscillation d'un cylindre soumis à une force de rappel dans un écoulement transverse.

— cas 1 (raideur nulle) : $k^\star = 0$, $m^\star = 4$,
— cas 2 (forte raideur) : $k^\star = 20$, $m^\star = 1$
— cas 3 (proche résonance) : $k^\star = 2$, $m^\star = 1$

La figure 5.4 montre les amplitudes du ressort pour ces différents cas. Après une phase transitoire pendant laquelle le sillage reste symétrique et le cylindre reste immobile, on observe des dynamiques très différentes selon les cas. De faibles amplitudes peuvent être observées dans le cas d'un raideur nulle (auquel cas le cylindre peut se mouvoir librement dans la direction transverse à l'écoulement sous l'effet des seules forces hydrodynamiques - cas 1) ou, au contraire, dans le cas d'une raideur très forte (cas 2). A l'opposé, lorsque masse et raideur sont proches de la résonance avec le nombre de Strouhal du sillage (cas 3), des plus fortes oscillations sont observées. Ces différences dans la dynamique du ressort s'accompagnent de modifications du sillage (figure 5.5). Le cas 3, proche de la résonance, exhibe un sillage "rétréci" dans la direction de l'écoulement, ce qui correspond à un nombre de Strouhal plus élevé (figure 5.5).

Dans ces simulations le domaine de calcul est la boite $[0,3]^2$. Le cylindre a un diamêtre égal à 0.2 et est centré en $(0.75, 1.5)$.

Le cas que nous venons de voir peut être étendu à une configuration tri-dimensionnelle, avec un cylindre libre de se déplacer dans la direction transverse à son axe et à l'écoulement et soumis à des forces de rappels élastiques dans la direction de l'axe du cylindre. Plus précisément, si y est la coordonnée correspondante et z la coordonnée le long du cylindre, et si $y_G(z)$ est le centre de gravité de la section de coordonnée z du cylindre, à chaque pas de temps et sur chaque coupe transverse au cylindre on ajoute à la vitesse obtenue par pénalisation, l'accélération donnée par le terme $k\partial^2 y_G/\partial z^2$ où k est le coefficient d'élasticité.

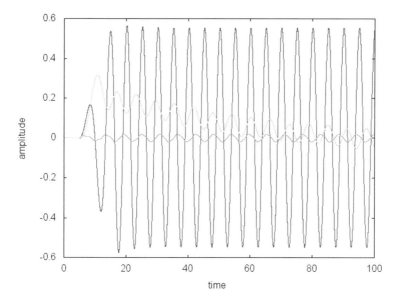

Fig. 5.4: Oscillations et sillage d'un cylindre attaché à une ressort pour différentes valeurs de la raideur et de la masse. Cas 1 (raideur nulle) : courbe bleue ; cas 2 (forte raideur) : courbe verte ; cas 3 (proche résonance) : courbe magenta.

Les figures 5.6 montrent des coupes de vorticité et la forme du cylindre dans le cas de référence sans rappel (k=0) et dans le cas $k = 50$. Elles illustrent à nouveau que les déformations de l'obstacle ont un effet important sur son sillage. Le nombre de Reynolds basé sur le diamêtre du cylindre et la vitesse en amont est fixé à $Re = 300$. Le premier cas montre la structure tridimensionnelle classique du sillage, avec la présence de tourbillons longitudinaux dans la direction de l'écoulement qui s'ajoutent à l'allée de von Karman bi-dimensionnelle. Le cas $k = 50$ montre une écoulement beaucoup plus chaotique, bien que les déplacements du cylindre soient très faibles (de l'ordre de 5% du rayon du cylindre).

Nageurs anguilliformes

Le cas suivant est celui de nageurs anguilliformes étudié dans [73]. Dans cette application, aux vitesses résultant des forces hydrodynamiques s'ajoute un champ de vitesse résultant de déformations prescrites de la géométrie du nageur. Ces déformations sont paramétrées de la manière suivante. La géométrie du nageur est définie par des demi épaisseurs w autour d'une arête

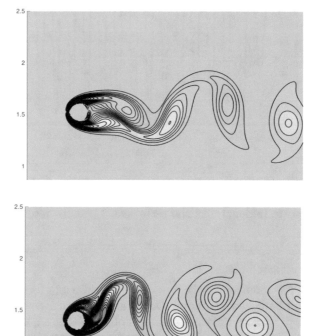

Fig. 5.5: Sillage du cylindre dans le cas 1 (raideur nulle, figure du haut) et 3 (proche résonnance, figure du bas)

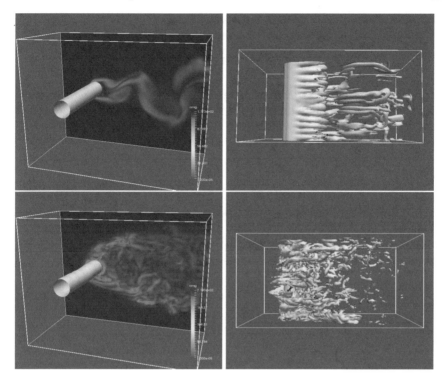

Fig. 5.6: Norme de la vorticité dans un sillage derrière un cylindre, dans le cas de raideur nul (figures du haut) et pour $k = 50$ (figures du bas). A gauche coupe dans un plan perpendiculaire à l'axe du cylindre. A droite vue d'une isosurface de vorticité.

centrale, et pour les cas 3D par une fonction hauteur h. Pour un nageur anguilliforme, ces épaisseurs sont définies dans [73] en fonction de l'abscisse curviligne le long de l'arête par les formules suivantes, où L est la longueur de l'arête :

$$w(s) = \begin{cases} \sqrt{2w_h s - s^2} & 0 \le s < s_b \\ w_h - (w_h - w_t)\left(\frac{s - s_t}{s_t - s_b}\right)^2 & s_b \le s < s_t \\ w_t \frac{L - s}{L - s_t} & s_t \le s \le L \end{cases}$$

$$h(s) = b\sqrt{1 - \left(\frac{s - a}{a}\right)^2}$$

avec les paramêtres suivants : $w_h = s_b = 0.04L$, $s_t = 0.95L$, $w_t = 0.01L$, $a = 0.5L$ et $b = 0.08L$. Les mouvements du nageur sont définies par une courbure H

oscillant avec le temps selon la formule

$$H(s,t) = \alpha(s)\sin\left(2\pi\left(\frac{t}{T} - \theta(s)\right)\right)$$

où $\alpha(s)$ définie une courbure de référence et $\theta(s)$ un déphasage le long de l'arête, défini de manière linéaire. L'utilisation d'un système de coordonnées attaché à la tête du nageur (cf Figure 5.7) permet ensuite par différenciation par rapport au temps des équations de Frenet

$$\frac{d\mathbf{t}}{ds} = Hn \,, \quad \frac{dn}{ds} = -H\mathbf{t},$$

où $\mathbf{t}$, n sont respectivement les tangentes et normales, puis par intégration le long de l'arête de définir les vitesses le long de l'arête, puis par propagation le long de la normale, dans le nageur entier, et finalement le champ u_{DEF} qu'il faut ajouter à u^S dans le membre de droite de (5.12).

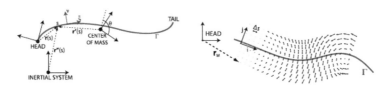

Fig. 5.7: Système de coordonnées locales permettant de définir la dynamique d'un nageur (figure de gauche) et champ de vitesse autour de l'arête (figure de droite). Tiré de [73].

La figure 5.8 montre une comparaison des vitesse obtenues par cette méthode en comparaison avec une méthode de volumes finis [92] où le fluide est maillé à chaque instant autour du nageur et où les forces sont calculées explicitement sur la surface. La figure 5.9 donne est un exemple de sillage derrière un couple de nageurs tri-dimensionnels. Ce dernier exemple illustre le fait que la méthode prend en compte très simplement la présence de plusieurs corps, au contraire de méthodes s'appuyant sur des maillages conformes.

L'intérêt de cette méthode est de permettre des simulations relativement peu coûteuses même dans des configuration 3D complexes ou plusieurs corps interagissent par l'intermédiaire de leurs sillages. C'est ce qui a permis son utilisation notamment dans [73], en combinaison avec des algorithmes d'optimisation stochastique, pour déterminer des modes de nage optimaux pour de nageurs isolés ou en groupe.

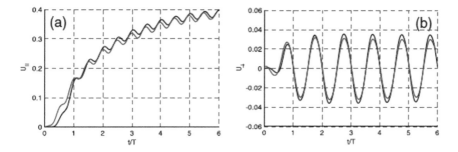

Fig. 5.8: Vitesses longitudinales (figure de gauche) et transverses (figure de droite) pour un nageur anguilliforme obtenues par la méthode de pénalisation [73] (courbe noire) et la méthode de volumes finis [92] (courbe rouge). Tiré de [73].

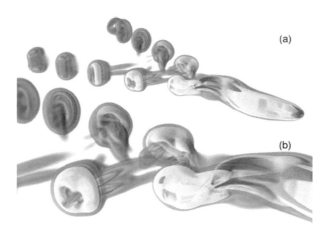

Fig. 5.9: Champ de tourbillons dans le sillage d'un couple de nageurs anguilli-formes tri-dimensionnels. Tiré de [73].

Chapitre 6
Calculs d'interactions entre solides par méthode Level Set

La question de l'interaction entre plusieurs solides immergés dans un fluide peut se poser de plusieurs manières. Dans un premier type d'applications, cette question correspond à la nécessité, purement numérique, d'éviter la collision, voire la pénétration, d'objets dans une simulation où les objets sont amenés à être confinés ou à se rapprocher de parois solides ou lorsque l'écoulement est irrégulier et susceptible d'amener, par accumulation d'erreurs numériques, les solides à entrer en contact de manière non physique.

Une approche naturelle proposée notamment dans [87, 103, 40] consiste à affiner le maillage dans l'espace inter-particules afin de résoudre avec précision les champs d'écoulement. Cependant, ces stratégies peuvent s'avérer coûteuses.
D'autres techniques consistent à modéliser l'effet de l'écoulement fluide dans l'espace inter particules, lorsqu'il devient très faible, par des forces de lubrification [102, 39]. En raison du comportement singulier des forces et des erreurs de discrétisation en temps, cette approche semble insuffisante et peut conduire à des contacts et des chevauchements à faible résolution spatiale.

D'autres stratégies numériques, moins respectueuses de la physique sous-jacente, consistent à imposer une contrainte sur le mouvement des particules au moyen de forces répulsives artificielles à courte portée [76, 34] ou en appliquant directement une distance minimale entre les particules [102]. Contrairement à la stratégie de raffinement, ces méthodes de collision permettent, en plus de gérer les chevauchements et les contacts entre particules, d'utiliser une discrétisation plus grossière, réduisant sensiblement le coût de calcul par rapport à la méthode proposée dans [87].

Dans d'autres types d'applications enfin où on cherche à suivre plus fidèlement la physique des interactions entre objets et avec l'écoulement, on peut souhaiter prendre en compte par exemple des effets électrostatiques ou des forces de cohésion entre particules.

The Author(s), under exclusive license to Springer Nature Switzerland AG 2021   143
G.-H. Cottet et al., *Méthodes Level Set pour l'interaction fluide-structure*,
Mathématiques et Applications 86, https://doi.org/10.1007/978-3-030-70075-1_6

Dans ces différents exemples, les interactions entre objets se traduisent par des forces exercées sur les surfaces des objets. Dans une méthode eulérienne où ces surfaces ne sont pas suivies explicitement, une approche naturelle est donc de s'appuyer sur le formalisme décrit en 2.3 permettant de traduire des forces surfaciques en forces volumiques à l'aide de fonctions Level Set, qui par ailleurs donnent les distances entre les différents objets. Cette approche est décrite dans le paragraphe 7.1.

Si l'écoulement comprend un grand nombre d'objets, se pose la question du calcul efficace de ces interactions, c'est à dire évitant de calcul toutes le interactions deux à deux entre objets. Le paragraphe 7.2 montre comment, en s'inspirant de méthodes développées en traitement d'images, on peut limiter ces calculs aux interactions les plus proches.

6.1 Traitement par méthode Level Set des forces d'interaction

Les méthodes Level Set peuvent être utilisées pour détecter la collision ou la pénétration entre objets. Si la fonction Level Set est une distance signée, elle permet d'évaluer la taille du recouvrement entre les objets. Des forces réspulsives, fonction de ce volume, peuvent ensuite être mises en oeuvre pour supprimer ce recouvrement. C'est la méthode par exemple utilisée dans [27].

La méthode que nous décrivons ci-dessous est plus immédiate, dans le sens où les fonctions Level Set décrivant les bords des objets sont utilisées pour calculer des forces de répulsion qui sont directement intégrées dans le solveur du fluide.

6.1.1 Modèle de répulsion ponctuel

Le point de départ de cette méthode est un modèle de force réspulsive ponctuelle à petite portée. Pour fixer les idées, considérons le modèle suivant, utilisé dans [34] :

$$\ddot{x} = \frac{\kappa}{x} \exp\left(-x/\varepsilon\right) \tag{6.1}$$

Dans ce modèle le point de coordonnée $x(t) > 0$ interagit avec le point (obstacle) $x = 0$, κ est un coefficient positif qui donne la raideur de la collision et ε est le rayon d'action de la force. Il s'agit d'un système Hamiltonien dont l'énergie est donnée par

$$E(x) = \int_x^1 \frac{\kappa}{s} \exp(-s/\varepsilon), ds = \int_{x/\varepsilon}^{1/\varepsilon} \frac{\kappa}{y} \exp(-y)\, dy.$$

Cette énergie permet d'évaluer l'épaisseur de la peau de l'obstacle sur laquelle se fait le rebond des objets. Supposons en effet un objet à une distance initiale $x(0) = x_0$ de l'obstacle et animé d'une vitesse $v(0) = dx/dt(0) = v_0 < 0$ dirigée vers l'obstacle. Le rebond se fera à une distance $x(t)$ telle que $v(t) = 0$. Si on note $x^\star$ cette position, on aura donc, du fait de la conservation d'énergie

$$E(x_0) + \frac{v_0^2}{2} = E(x^\star),$$

c'est à dire

$$\int_{\star x/\varepsilon}^{x_0/\varepsilon} \frac{\kappa}{y} \exp(-y)\, dy = \frac{1}{2} \frac{v_0^2}{\kappa}.$$

Si on note

$$F_\varepsilon(x) = \int_x^{x_0/\varepsilon} \frac{1}{y} \exp(-y)\, dy \ , \ F(x) = \int_x^{+\infty} \frac{1}{y} \exp(-y)\, dy.$$

et $G_\varepsilon = F_\varepsilon^{-1}$ on peut donc écrire

$$x^\star = \varepsilon\, G_\varepsilon(v_0^2/2\kappa) \simeq \varepsilon\, G(v_0^2/2\kappa) \text{ for } \varepsilon \ll 1. \tag{6.2}$$

Cette relation confirme que l'épaisseur sur laquelle s'effectue le rebond est de l'ordre de ε. Elle montre aussi qu'en principe le coefficient κ peut être choisi proportionnellement au carré de la vitesse relative des objets "avant contact".

6.1.2 Répulsion surfacique par méthode Level Set

Considérons maintenant le cas d'une famille d'objets Ω_i, de bords Γ_i. Pour étendre le modèle ponctuel décrit précédemment on peut procéder de la manière suivante pour décrire les forces exercées par l'objet Ω_j sur l'objet Ω_i :
— étendre le système dynamique (6.1) à l'ensemble des points frontières de Γ_i en transcrivant son membre de droite en force surfacique sur Γ_i et en utilisant une fonction Level Set associée à Γ_j pour déterminer la direction de cette force et la distance à l'objet Ω_j.
— traduire cette force surfacique en force volumique en utilisant une fonction Level Set associée à Γ_i, à l'aide du formalisme Level Set vu dans le chapitre 1
En sommant sur toutes les interactions entre objets, dans le cas où les fonctions Level Set sont des distances signées aux objets, on obtient le modèle de force suivant :

$$\mathbf{f}_{\text{contact}}(x) = -\rho \sum_{ij} \frac{\kappa_{ij}}{\varepsilon} \zeta\left(\frac{\varphi_i(x)}{\varepsilon}\right) \frac{\nabla\varphi_j(x)}{\varphi_j(x)} \exp\left(-\varphi_j(x)/\varepsilon\right).$$

Dans le cas où les fonctions Level Set ne sont pas des distances signées (par exemple lorsqu'on considère des objets déformables et que l'on souhaite utiliser les fonctions Level Set des interfaces pour définir des forces élastiques), on obtient un modèle en approchant localement la distance à l'objet Ω_j par $\frac{\varphi_j}{|\nabla\varphi_j|}$, comme on l'a vu en 1.5.2. En renormalisant en outre les fonctions Level Set dans la régularisation ζ, on aboutit à la formule

$$\mathbf{f}_{\text{contact}}(x) = -\rho \sum_{ij} \frac{\kappa_{ij}}{\varepsilon} \zeta\left(\frac{\varphi_i(x)}{\varepsilon|\nabla\varphi_i(x)|}\right) \frac{\nabla\varphi_j(x)}{\varphi_j(x)} \exp\left(-\frac{\varphi_j(x)}{\varepsilon|\nabla\varphi_j(x)|}\right). \quad (6.3)$$

Dans cette équation ρ désigne la densité du système fluide-objets, qui doit être évaluée en fonction de densités ρ_i des objets par la formule

$$\rho(x) = \sum_i \rho_i\chi_i(x)$$

où χ_i est la fonction indicatrice de Ω_i (en notant Ω_0 le domaine fluide). C'est cette force de contact qui est utilisée dans l'expérience de la figure 5.2. Il faut noter que dans cette formule les petits paramètres donnant d'une part l'épaisseur du rebond et, d'autre part, le lissage des forces sur les surfaces ont été pris égaux mais ce n'est évidemment pas une nécessité.

6.1.3 Prise en compte de forces de cohésion et d'amortissement

Dans certaines applications il est souhaitable de prendre en compte la physique effective des interactions entre objets. C'est le cas par exemple dans les milieux granulaires constitués de sédiments cohésifs que l'on rencontre dans les lits de rivière, les systèmes côtiers ou les coulées de boue. Les grains formant ces sédiments interagissent via des forces de répulsion similaires à celles vues précédemment ainsi que de forces de cohésion de type Van der Walls à très courte portée. Ces dernières forces sont capables d'assurer la cohésion après contact de grains agglomérés. Les formes spécifiques, et notamment leur rayon d'action, de ce forces de répulsion et de cohésion sont évidemment dépendants de la rhéologie des grains et des propriétés des liquides dans lesquels il baignent.

En l'absence de modèles macroscopiques pleinement satisfaisant pour décrire de tels écoulements, les méthodes de simulation directe résolvant l'écoulement à l'échelle des grains deviennent de plus en plus populaires [7]. Dans [141] par exemple, les grains sont des sphères de différentes tailles et les forces d'interaction sont des forces centrales, intégrées dans une méthode de frontière immergée permettant de traiter un millier de particules.

Un intérêt des méthodes Level Set est de permettre la prise en compte de particules non sphériques. Un modèle de contact avec forces de répulsion et de cohésion et un amortissement linéaire, similaire à celui utilisé dans [141] pour des particules sphériques, peut s'écrire sous la forme

$$\mathbf{f}_{\text{contact}}(x) = -\rho(x) \tag{6.4}$$
$$\sum_{ij} \frac{\kappa_{ij}}{\varepsilon} \zeta\left(\frac{\varphi_i(x)}{\varepsilon|\nabla\varphi_i(x)|}\right) \frac{\nabla\varphi_j(x)}{|\nabla\varphi_j|(x)} \left[g\left(\frac{\varphi_j(x)}{\nabla\varphi_j(x)}, \varepsilon\right) - \alpha u(x)\right] \exp\frac{(-\varphi_j(x))}{\varepsilon|\nabla\varphi_j(x)|}).$$

Dans cette formule, on a ajouté aux forces de contact un terme d'amortissement contrôlé par le paramètre α. Comme dit précédemment, la forme spécifique de la fonction g doit être choisie en fonction de la rhéologie des milieux. Un exemple typique de fonction g montrant la superposition de forces répulsives et cohésives à courte portée est donnée dans la figure 6.1. Ce type de force et

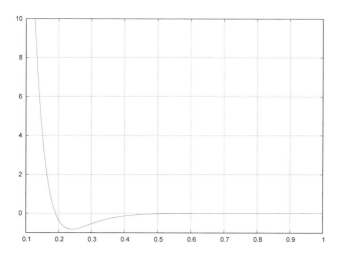

Fig. 6.1: Profil d'une fonction prenant en compte des forces de contact et de cohésion à courte portée. L'obstacle est en $x = 0$.

son effet sur la dynamique sera illustré dans le paragraphe suivant.

6.1.4 Illustrations numériques

L'article [34] contient un certain nombre de validations du calcul des forces de répulsion évoquées au paragraphe précédent. La figure 6.2 montre une comparaison, pour la chute d'un disque sur un mur horizontal, avec une méthode utilisant une force centrale agissant sur le centre du disque [75]. Dans le cas de la méthode Level Set la méthode de discrétisation est une méthode semi-lagrangienne basée sur une formulation vorticité et une approximation de Boussinesq des équations de Navier-Stokes. Dans le cas de [75] il 'agit d'une formulation par Lagrangien augmenté d'une méthode de frontière immergée avec une discrétisation par méthodes d'éléments finis. Dans ces simulations,

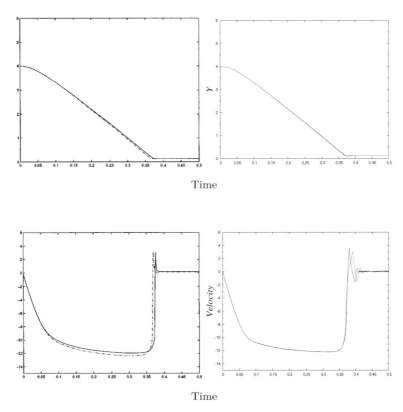

Fig. 6.2: Sédimentation d'un cylindre bi-dimensionnel sous l'effet de la gravité. Comparaison de l'approche par Level Set (figures de gauche) et de l'approche de [75] (figures de droites) utilisant une force centrale. Les figures du haut donnent la hauteur du cylindre et celles du bas la vitesse verticale. Le pas de discrétisation spatial est $\Delta x = 1/256$ pour les courbes en trait plein et $\Delta x = 1/384$ pour les courbes en pointillé. Tiré de [34].

les paramètres physiques sont les suivants :
— densité du fluide 1
— densité du disque 1.5, diamètre du disque 0.025
— viscosité du fluide 0.01

— gravité 980.

Le disque est initialement placé à une distance 4 de l'obstacle, dans une boite de dimensions $[0,2] \times [0,6]$. Dans cette expérience, le paramètre ε est pris égal à la taille de la grille : $\varepsilon = \Delta x$. D'après l'analyse qui précède le paramètre κ devrait être pris de l'ordre du carré de la vitesse avant contact. Dans l'expérience précédente la valeur $\kappa = 30$ a été choisie. Il faut noter que même dans une discrétisation explicite en temps, le terme de collision n'occasionne pas de problèmes de stabilité.

L'exemple suivant illustre la prise en compte de forces de cohésion et d'amortissement dans le contact entre objets. On voit dans les figures du bas que les forces de cohésion permettent à l'objet de rester au contact de la paroi dès le deuxième rebond. Cet exemple met aussi en évidence que, au contraire des modèles de forces centrales, les modèles de contact par méthodes Level Set permettent évidemment aux objets d'entrer en rotation. Dans cette

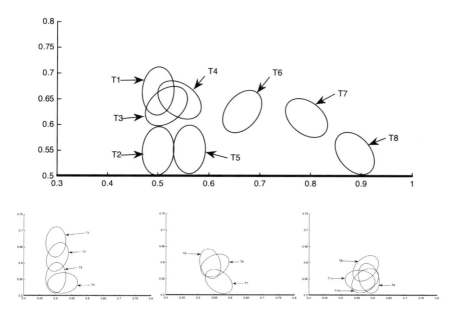

Fig. 6.3: Ellipse tombant sur un plan un plan sous l'effet de la gravité. Dans la figure du haut, contact par force de répulsion similaire à l'expérience des figures 5.2 et 6.3 et amortissement. Dans les figures du bas modèle avec force de cohésion donnée par (6.3) et (6.5) et amortissement. Les instants T_i décrivent des instants successifs dans le rebond par ordre croissant.

illustration la fonction g apparaissant dans la formule (6.3) a l'expression suivante :

$$g(x, \varepsilon) = \frac{1}{\varepsilon} \left(3.8 - \frac{x}{\varepsilon} \right) \qquad (6.5)$$

Dans les deux cas de la figure 6.3 le coefficient d'amortissement est $\alpha = 25$.

6.2 Une méthode efficace pour traiter les contacts entre multiples objets

6.2.1 Motivation

Lorsque l'on doit traiter la dynamique et l'interaction entre multiples objets, l'utilisation d'une seule fonction niveau pour suivre l'interface de ces objets est possible mais problématique : si le maillage est trop grossier, des fusions d'interfaces d'origine numérique apparaissent automatiquement. Une alternative est évidemment d'utiliser une fonction niveau pour chaque corps. C'est ce qui est fait dans [34], avec la difficulté d'un coût de calcul important si les objets sont nombreux et en interaction les uns avec les autres.

Dans [143], une formulation utilisant $\log_2 N$ fonctions niveau pour représenter N régions différentes est présentée. Ce modèle, basé sur le théorème des quatre couleurs, réduit considérablement le nombre de fonctions niveau et peut gérer des topologies complexes. Cependant, la reconstruction des distances entre deux corps quelconques n'est pas possible, et par conséquent ce modèle n'est pas capable de traiter des corps interagissant deux à deux et immergés dans un fluide.

Dans cette section, nous décrivons une approche, basée sur le modèle multi-géométrique déformable (MGDM) de capture d'interface introduit par J. Bogovic et al [17] pour la segmentation d'image, et permettant l'implémentation efficace de formules du type de (6.3) pour un grand nombre d'objets. Cette approche est décrite plus en détail dans [90].

6.2.2 L'algorithme

Le principe de cet algorithme est qu'il nécessite, quel que soit le nombre d'objets en interaction, uniquement cinq champs pour

(1) localiser et faire évoluer chaque structure immergée,

(2) spécifier une vitesse ou une force indépendamment sur chaque structure,

(3) gérer les contacts numériques et/ou physiques entre les objets.

Cela réduit considérablement le coût de calcul, comme cela sera illustré ci-dessous. Plus précisément, une ligne de niveau zéro représentant l'union des interfaces est transportée avec la vitesse du fluide. Des fonctions Level Set permettent ensuite d'une part d'étiqueter les solides et pour chaque point du domaine de connaître le numéro du solide le plus proche et le deuxième plus proche. Un algorithme de type multi fast-marching est ensuite mis en œuvre dans une bande mince autour des interfaces permettant de mettre à jour ces fonctions.

Cette méthode combine l'avantage de la méthode MGDM qui capture efficacement un grand nombre de corps et leurs voisins relatifs et l'efficacité des modèles Level Set de contact vus précédemment.

Afin de valider la capacité de cette méthode à éviter les contacts numériques et son efficacité à traiter un grand nombre de structures, deux applications sont explorées : les corps rigides et les suspensions de vésicules biologiques. Il faut remarquer par ailleurs que la méthode MGDM peut aussi évidemment traiter efficacement d'autres types d'interactions en particulier des forces de cohésion ou d'amortissement telles que celles évoquées en 6.1.3.

6.2.2.1 Fonctions étiquettes

Soient N objets occupant des domaines $\Omega_i(t) \subset \Omega$ et immergés dans un fluide s'écoulant dans $\Omega_{N+1}(t)$ de sorte que l'ensemble des ces $N+1$ domaines forme une partition de Ω, avec $\overline{\Omega_i} \cap \overline{\Omega_j} = \emptyset$ pour $i \neq j$ dans $\{1, \cdots, N\}$. En chaque point $x \in \Omega$, on définit les fonctions *étiquettes* E_0, E_1, E_2 par :

$$\forall x \in \Omega, \ \forall i \in \{1, ..., N+1\}, \quad \begin{cases} E_0(x) &= i \text{ si } x \in \Omega_i, \\ E_1(x) &= \underset{j \neq E_0(x)}{\arg\min} \, d(x, \Gamma_j), \\ E_2(x) &= \underset{j \notin \{E_0(x), E_1(x)\}}{\arg\min} \, d(x, \Gamma_j). \end{cases}$$

avec $\Gamma_{N+1} = \bigcup_{i=1}^{N} \Gamma_i$ correspondant à l'interface fluide-structures. La fonction E_0 numérote ainsi la partition de Ω en $N+1$ objets différents, alors que E_1 (resp. E_2) identifie le numéro d'un objet dans cette partition le plus proche de chaque point (resp. d'un second plus proche). Dans le cas où plusieurs objets sont à égale distance d'un point, le numéro est celui de l'une d'entre elles. Nous verrons par la suite que cette indétermination n'induit pas de difficulté dans l'algorithme. On a ainsi :

$$\begin{cases} E_0(x) = i & \text{si } x \in \Omega_i, \\ E_1(x) = j & \text{si un plus proche objet de } x \text{ est } \Omega_j, \\ E_2(x) = k & \text{si un second plus proche objet de } x \text{ est } \Omega_k. \end{cases}$$

En particulier $E_1(x) = N+1$ dans chaque objet immergé. $E_2(x)$ est le numéro d'un plus proche solide dans un solide, et d'un second plus proche dans le fluide.

$$\forall x \in \Omega_i, \begin{cases} E_0(x) = i, \\ E_1(x) = N_f, \\ E_2(x) = k, \qquad \text{où } \Omega_k \text{ est la structure immergée la plus proche } x. \end{cases}$$

La figure 6.4 est une illustration des trois cartes d'étiquettes dans le cas de cinq structures immergées dans un fluide. Les valeurs de E_1 montrent que l'objet le plus proche des 5 structures est le fluide. Les valeurs de E_2 montrent que pour les quatre cellules périphériques (objets verts, jaunes, violets et bleu clair), la structure la plus proche (en fait le deuxième objet le plus proche) est la cellule bleue. En outre, l'étiquette E_2 divise l'objet bleu en quatre régions, chacune donnant la couleur de la structure la plus proche. On voit donc bien que les trois cartes d'étiquettes fournissent une description locale intéressante de la notion de proximité pour l'ensemble du domaine fluide / structure Ω

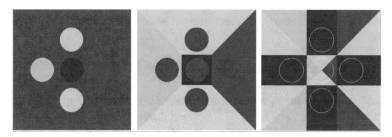

Fig. 6.4: Illustration des trois fonctions étiquettes pour une configuration de cinq corps, de gauche à droite : E_0, E_1 et E_2. Chaque objet a une couleur spécifique donnée par les valeurs de E_0 et le rouge correspond au fluide. Le contour blanc représente la frontière des solides. À l'intérieur de chaque structure, l'objet le plus proche est le fluide (E_1 est rouge). Tiré de [90].

Tirant parti de cette description locale des objets proches, on peut définir deux fonctions de distance associées.

6.2.2.2 Fonctions distance

Les fonctions distance associées aux premier et deuxième objets les plus proches sont données par :

$$\forall x \in \Omega, \begin{cases} \psi_1(x) = d(x, \Gamma_{E_1(x)}), \\ \psi_2(x) = d(x, \Gamma_{E_2(x)}). \end{cases} \tag{6.6}$$

La fonction distance $\psi_1(x)$ est la distance de x à la frontière du premier objet le plus proche noté $\Gamma_{E_1(x)}$ et $\psi_2(x)$ est la distance de x à la frontière de l'objet le deuxième plus proche $\Gamma_{E_2(x)}$. En tout point du domaine Ω, ψ_1

capture l'union de toutes les interfaces des solides et ψ_2 indique la distance au premier solide le plus proche. En conséquence, sur chaque point d'une structure, nous avons la distance qui nous sépare du plus proche autre solide, ce qui permet de définir un modèle de collision, car éviter les contacts entre solides équivaut à imposer :

$$\forall x \in \Omega, \qquad \psi_2(x) > 0.$$

Dans toute la suite, on appliquera cet algorithme aux forces de collision définies par (6.3). Cependant il est évident qu'il peut tout aussi bien prendre en compte des forces de contact plus générales, telles que des forces de cohésion de la forme (6.4) ou des forces de lubrification.

6.2.2.3 Traitement des termes de collision

Nous partons du modèle de force de collision donné par (6.3). Dans ce modèle chaque interface de solide est capturée par sa propre fonction Level Set. Nous considérons N corps immergés dans un fluide et nous notons $F_{j,i}$ la force appliquée par le corps Ω_j sur le corps Ω_i et φ_i la fonction Level Set capturant la frontière Γ_i du corps Ω_i. La distance d'un point x de Ω_i au solide Ω_j est fournie par $\varphi_j(x)$ et la direction de la force $F_{j,i}$ est obtenue directement par $\nabla\varphi_j$.

De plus, pour localiser l'interface Γ_i, nous utilisons une fonction de coupure ζ régularisée sur une épaisseur ε sur chaque partie de l'interface. Suivant (6.3), la force répulsive à courte portée est exprimée comme suit (pour simplifier l'écriture on se place dans les cas où les fonctions φ_i sont des distances signées)

$$\forall x \in \Omega, \, F_{\text{global}}(x) = \rho(x) \sum_{\substack{i,j=1 \\ i \neq j}}^{N} \frac{k}{\varepsilon} \zeta\left(\frac{\varphi_i(x)}{\varepsilon}\right) \frac{\nabla\varphi_j(x)}{\varphi_j(x)} \exp\left(-\frac{\varphi_j(x)}{\varepsilon}\right), \quad (6.7)$$

où ρ désigne la densité et k est une constante répulsive qui, comme expliqué dans la section précédente, peut être prise proportionnelle au carré des vitesses relatives des corps correspondants juste avant la collision.

Le coefficient ε représente la demi-épaisseur de l'interface sur laquelle les forces répulsives sont appliquées. Les forces d'interaction diminuent rapidement de façon exponentielle pour les structures éloignées, ce qui réduit le nombre de voisins en interaction d'influence. Néanmoins, ce modèle de collision prend a priori en compte toutes les interactions possibles entre les corps N. ce qui conduit à un effort de calcul en $O(N^2)$ qui devient rapidement prohibitif pour N grand.

Pour réduire la complexité de (6.7), nous modifions F_{global} de manière à ne prendre en compte que les plus proches voisins et l'exprimer au moyens des deux fonctions ψ_1 and ψ_2. On pose :

$$\forall x \in \Omega, \; F_{\text{etiq}}(x) = \frac{k}{\varepsilon} \rho(x) \zeta \left(\frac{\psi_1(x)}{\varepsilon} \right) \frac{\nabla \psi_2(x)}{\psi_2(x)} \exp \left(-\frac{\psi_2(x)}{\varepsilon} \right) \qquad (6.8)$$

Le terme $\zeta \left(\frac{\psi_1(x)}{\varepsilon} \right)$ localise cette force sur l'union des interfaces, ce qui est attendu. Plus précisément, la force a son support inclus dans $\Gamma_\varepsilon = \{x \in \Omega, \psi_1(x) \leq \varepsilon\}$.

Ce modèle de collision prend en compte l'interaction entre les corps les plus proches en tout point. En effet, comme ψ_2 est la distance au deuxième objet le plus proche en tous les points du domaine fluide / structures, si un corps est entouré d'autres solides, l'interaction avec les autres structures est prise en compte sur différentes parties de son interface.

Par rapport à (6.7), la complexité du calcul est évidemment réduite de manière significative. Nous renvoyons à [90] et la thèse [89] pour une analyse de consistance et d'erreur entre cette force de répulsion tronquée et la force globale. Dans ces références, il est démontré que l'écart entre la force complète et la force tronquée peut être contrôlé lorsque le rapport entre la taille des objets en interaction (pour des disques, sinon leur rayon de courbure minimal) et ε tend vers $+\infty$. Ceci permet d'estimer, au moins dans un modèle de couplage simplifié (équations fluides de type Stokes), l'erreur introduite dans le calcul final des vitesses par la troncature des forces de collision.

Au niveau algorithmique, les étiquettes E_i sont mises à jour à chaque déplacement des interfaces par une méthode de *fast-marching* multiple [17]. Les champs d'étiquettes ne sont calculés qu'au voisinage des interfaces solides pour E_1, et au voisinage de deux interfaces solides proches pour E_2, ce qui réduit notablement le nombre de points de calcul, comme illustré figure 6.5.

6.2.2.4 Pénalisation et modèle complet

En plus que de diminuer la complexité du calcul des forces d'interaction, les étiquettes peuvent être utilisées pour optimiser l'étape de pénalisation.

Pour cela, définissons une nouvelle étiquette $E_{0,1}$ qui donne en tout point du domaine l'objet fluide ou solide le plus proche, c'est à dire ;

$$\forall x \in \Omega, \quad E_{0,1}(x) = \begin{cases} E_0(x) & \text{si} \quad (E_0(x) \neq N_f) \\ E_1(x) & \text{sinon.} \end{cases} \qquad (6.9)$$

Dans les exemples qui suivent on utilisera une version régularisée de la fonction caractéristique des objets, la fonction caractéristique régularisée des N solides immergés est alors donnée par :

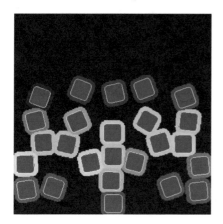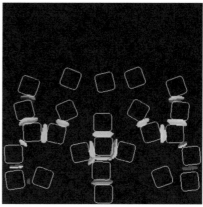

Fig. 6.5: Illustration de l'algorithme de *fast-marching* multiple pour 20 objets. Droite : E_1. Gauche : E_2. La couleur noire correspond aux valeurs non calculées de E_1 et E_2. Les contours blancs correspondent à la ligne de niveau zéro de la fonction ψ_1. Tiré de [90].

$$\forall x \in \Omega, \forall y \in \Omega, \quad \chi_{E_{0,1}(x)}(y) = 1 - \mathcal{H}(\frac{\varphi_{E_{0,1}(x)}(y)}{\varepsilon})$$

En notant $\rho_{E_{0,1}(x)}$ la densité du solide $\Omega_{E_{0,1}(x)}$ nous obtenons la fonction de densité globale :

$$\rho_x(y) = \rho_f(1 - \chi_{E_{0,1}(x)}(y)) + \chi_{E_{0,1}(x)}(y)\rho_{E_{0,1}(x)}(y)$$

Pour calculer le terme de pénalisation, la valeur des vitesses rigides est seulement utile dans les particules et leur voisinage de taille ε. On définit ainsi une vitesse globale coïncidant avec les N vitesses rigides $U_i, i \in \{1, ..., N\}$ sur les solides.

Plus précisément, pour tout $x \in \Omega$, $y \to U_{E_{0,1}(x)}(y)$ est la vitesse rigide du soide $\Omega_{E_{0,1}(x)}$ obtenue en moyennant les vitesses de translation et angulaire (équation (5.5), voir aussi [34]).

En posant

$$\forall x \in \Omega, \quad | \Omega_{E_{0,1}(x)} | = \int_{\Omega_{E_{0,1}(x)}} \rho(z)dz = \int_{\Omega} \rho(z)\chi_{E_0^\varepsilon(x)}(z)dz \qquad (6.10)$$

on obtient la formulation suivante $\forall x \in \Omega$, $\forall y \in \Omega$,

$$U_{E_{0,1}(x)}(y) = \frac{1}{\mid \Omega_{E_{0,1}} \mid} \int_{\Omega} \rho_{e_{0,1}(x)}(z)\chi_{E_{0,1}(x)}(z)U(z)dz$$

$$+ \left(J_{E_{0,1}(x)}^{-1} \int_{\Omega} \rho_{E_{0,1}(x)}(z)\chi_{E_{0,1}(x)}(z)U(z) \times (z - x^g_{E_{0,1}(z)})dz \right) \times (y - x^g_{E_{0,1}(y)}).$$

$$(6.11)$$

où $J_{E_{0,1}(x)}$ et $x^g_{E_{0,1}(x)}$ sont les matrices d'inertie et le centre de gravité du solide $\Omega_{E_{0,1}(x)}$.

Dans Ω_i c'est à dire lorsque $L_{0,1} = i$, cette vitesse globale coincide avec U_i. Le modèle total que nous considérons dans les illustrations ci-dessous correspond donc, dans le cas de solides rigides immergés, à transcrire le modèle (5.3-5.7) du chapitre 5. C'est possible plus synthétiquement en l'écrivant sous la forme :

$$\begin{cases} \rho(\partial_t u + (u \cdot \nabla)u) - \mu \Delta u + \nabla p \\ \qquad\qquad = \rho g + \frac{1}{\eta}(\chi(U_{E_{0,1}} - u)) + F_{\text{etiq}} & \text{dans } \Omega \\ \operatorname{div} u = 0 & \text{dans } \Omega \\ \partial_t \varphi + u \cdot \nabla \varphi = 0 & \text{dans } \Omega \end{cases} \qquad (6.12)$$

où χ est une fonction indicatrice régularisée du domaine occupé par l'ensemble des solides immergés, et $u_{L_{0,1}}$ est une vitesse rigide sur chaque solide, construite grâce aux étiquettes indépendamment sur chaque solide comme dans (5.5) puis réassemblée sur l'ensemble du domaine Ω (voir [90, 89] pour plus de détails).

6.2.3 Efficacité de la méthode

Pour vérifier l'efficacité de la méthode, nous comparons dans cette section le temps nécessaire au calcul de l'interaction de N disques immergés, d'une part en considérant un modèle de collision à N fonctions Level Set et d'autre part par la présente méthode.

Dans le cas de disques rigides, au lieu de transporter une fonction distance à l'union des disques puis de lui appliquer la méthode de *fast-marching* multiple, nous transportons les centres de gravité et reconstruisons les N fonctions distances. Cette partie de l'algorithme, bien que dépendant du nombre d'objets, est très rapide. Nous pouvons ainsi nous concentrer sur le gain de temps de calcul que représente la reconstruction des fonctions étiquettes, puis leur utilisation pour le calcul de la force d'interaction par (6.8), par rapport au calcul de la force d'interaction globale par (6.7).

Les résultats présentés correspondent à la moyenne du temps de calcul des dix premières itérations pour chacune des méthodes. Ce temps moyen est présenté en tableau 6.1 pour la méthode standard, et dans le tableau 6.2 pour l'algorithme rapide. Le modèle (6.7) est plus coûteux d'une part parce que toutes les interactions sont calculées, mais aussi parce le terme de pénalisation en second membre des équations fluides dépend aussi explicitement du nombre d'objets.

Nombre de disques	Modèle de collision (6.7) Temps CPU	Méthode de pénalisation avec (6.7) Temps CPU	Total Temps CPU
2	0.02	0.06	0.2
5	0.17	0.16	0.48
10	0.72	0.35	1.24
25	4.87	0.88	6
50	19.25	1.75	21.5
100	80.8	3.9	85.3
400	1583.4	19.75	1605.3

Tableau 6.1: Temps CPU moyen en utilisant N fonctions Level Set

Nombre de disques	Modèle collision (6.8) Temps CPU	Pénalisation (6.12) Temps CPU	Etiquettes Temps CPU	Total Temps CPU
2	0.015	0.05	0.008	0.2
5	0.015	0.06	0.014	0.23
10	0.015	0.09	0.02	0.25
25	0.016	0.18	0.08	0.4
50	0.016	0.3	0.16	0.6
100	0.016	0.56	0.23	0.9
400	0.016	2.52	2.06	4.7

Tableau 6.2: Temps CPU moyen en utilisant l'algorithme avec étiquettes

6.2.4 Illustrations numériques

La première illustration porte sur la sédimentation de 400 de disques rigides de rayon $R = 0.01$ dans le cas bi-dimensionnel. Les simulations sont effectuées sur une grille de taille (512×512) et la demi-épaisseur de l'interface est $\varepsilon = 1.5\Delta x$. La ligne blanche indique la taille numérique réelle des particules correspondant à l'isoline $\psi_1 = \varepsilon$. Le coefficient de gravité g est fixé à -980, le coefficients κ dans la force répulsive est choisi égal à $-g/10$. Les 400 corps tombent et sédimentent, comme le montre la figure 6.6.

La deuxième illustration concerne le cas 3D. La figure 6.7 montre la simulation de 500 sphères rigides de rayon $R = 0.01$ tombant sous gravité en utilisant une grille de taille 128^3. La demi-épaisseur de l'interface est $\varepsilon = \Delta x$.

A l'étape initiale, il y a cinq nappes de 100 corps à distance $d = 0.1$ (distance des centres des deux corps les plus proches). Les interactions entre les corps se produisent à partir de $t = 1.5$.

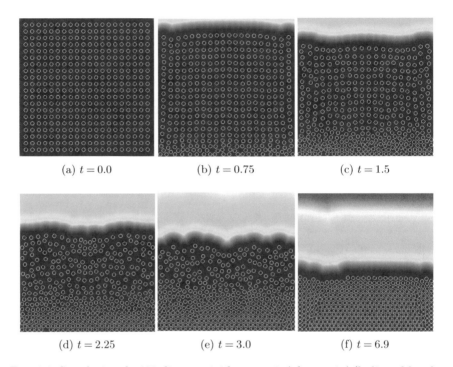

(a) $t = 0.0$ (b) $t = 0.75$ (c) $t = 1.5$

(d) $t = 2.25$ (e) $t = 3.0$ (f) $t = 6.9$

Fig. 6.6: Simulation de 400 disques rigides soumis à la gravité (la ligne blanche correspond à $\varphi = \varepsilon$). La couleur de fond représente la distance à l'union des interfaces fluide/solides. Tiré de [90].

Comme déjà signalé, un intérêt des méthodes Level Set pour traiter les contacts est de pouvoir prendre en compte des objets non-sphériques pour lesquels des modèles de type force centrale ne fonctionnent pas. La figure 6.8 montre la sédimentation de 30 carrés rigides de différentes tailles.

Enfin, pour confirmer que la méthode permet aussi de traiter des objets déformables, nous présentons un cas test de 105 vésicules biologiques évoluant dans un écoulement de Poiseuille. Le domaine de calcul est $\Omega = [0,4] \times [0,2]$. La taille des vésicules étant petite, les simulations sont effectuées avec une résolution fine, sur grille de taille (2048×1024).

Les résultats obtenus sont représentés dans la figure 6.9, les couleurs indiquent la valeur de l'étiquette E_0, les lignes blanches correspondent aux isolignes $\psi_1 = 0$. Lors de l'initialisation, la région occupée par les vésicules

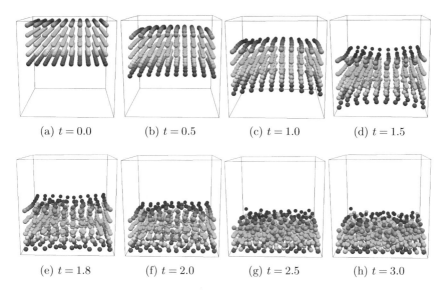

(a) $t = 0.0$ (b) $t = 0.5$ (c) $t = 1.0$ (d) $t = 1.5$

(e) $t = 1.8$ (f) $t = 2.0$ (g) $t = 2.5$ (h) $t = 3.0$

Fig. 6.7: Simulation de 500 sphères rigides sujettes à la gravité (grille 128^3). Les couleurs représentent la fonction étiquette E_0 de bleu foncé à rouge pour les 500 solides. Tiré de [90].

est la moitié gauche du domaine de calcul, et est constituée de 7 couches de 15 vésicules. Chaque interface de vésicule correspond à un ovale de Cassini avec les paramètres $a = 0.076$ et $b = 0.08$. Les vésicules adoptent des formes différentes, celles-ci sont d'une part dues à l'écoulement de Poiseuille induit par la pression, aux forces d'élasticité et de flexion et aux interactions entre les vésicules (pour les modèles prenant en compte flexion et élasticité des vésicules nous renvoyons à la section 3.6.1).

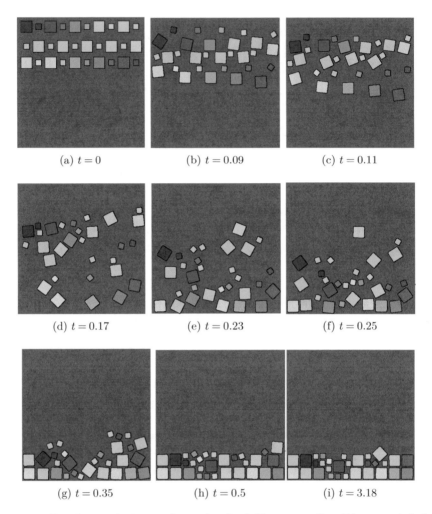

(a) $t = 0$ (b) $t = 0.09$ (c) $t = 0.11$

(d) $t = 0.17$ (e) $t = 0.23$ (f) $t = 0.25$

(g) $t = 0.35$ (h) $t = 0.5$ (i) $t = 3.18$

Fig. 6.8: Simulation de 30 carrés rigides de différentes tailles. L'intensité de la force dépend de la vitesse relative entre deux objets. Tiré de [90].

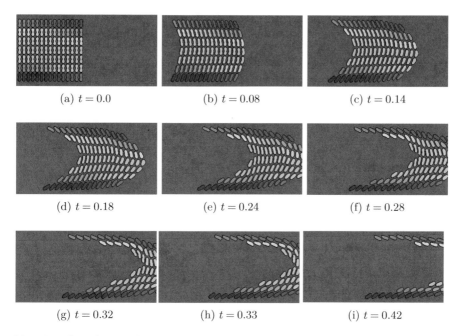

(a) $t = 0.0$ (b) $t = 0.08$ (c) $t = 0.14$

(d) $t = 0.18$ (e) $t = 0.24$ (f) $t = 0.28$

(g) $t = 0.32$ (h) $t = 0.33$ (i) $t = 0.42$

Fig. 6.9: Simulation de 105 vésicules dans un écoulement de Poiseuille. Les couleurs représentent les valeurs des étiquettes E_0. Tiré de [90].

Chapitre 7
Annexe

7.1 Exemples de calcul de la courbure avec une fonction Level Set

On présente dans cette section un calcul explicite la courbure moyenne et de Gauss d'un ellipsoïde et d'un tore définis à l'aide de fonctions Level Set. Ces formules pourront être utilisées pour valider le calcul de la courbure dans un code numérique.

Exemple de l'ellipsoïde

Considérons l'ellipsoïde représenté par la fonction Level Set suivante

$$\mathbb{R}^3 \longrightarrow \mathbb{R}$$
$$\varphi: \quad (x,y,z) \mapsto \left(\frac{x}{a}\right)^2 + \left(\frac{y}{b}\right)^2 + \left(\frac{z}{c}\right)^2 - 1.$$

La normale est donnée par

$$n = \frac{1}{\sqrt{\frac{x^2}{a^4} + \frac{y^2}{b^4} + \frac{z^2}{c^4}}} \left(\frac{x}{a^2}, \frac{y}{b^2}, \frac{z}{c^2}\right).$$

En utilisant (1.9), on obtient la courbure moyenne

$$H = \frac{\frac{x^2}{a^2}(b^2 + c^2) + \frac{y^2}{b^2}(a^2 + c^2) + \frac{z^2}{c^2}(a^2 + b^2)}{a^2 b^2 c^2 \left(\frac{x^2}{a^4} + \frac{y^2}{b^4} + \frac{z^2}{c^4}\right)^{\frac{3}{2}}}$$

et, à l'aide de (1.10) la courbure de Gauss

The Author(s), under exclusive license to Springer Nature Switzerland AG 2021
G.-H. Cottet et al., *Méthodes Level Set pour l'interaction fluide-structure*,
Mathématiques et Applications 86, https://doi.org/10.1007/978-3-030-70075-1_7

$$G = \frac{\frac{x^2}{a^2} + \frac{y^2}{b^2} + \frac{z^2}{c^2}}{a^2 b^2 c^2 \left(\frac{x^2}{a^4} + \frac{y^2}{b^4} + \frac{z^2}{c^4} \right)^2}.$$

Exemple du Tore $(R > r)$

Considérons un tore représenté par la fonction Level Set suivante

$$\mathbb{R}^3 \longrightarrow \mathbb{R}$$

$$\varphi : \quad (x,y,z) \mapsto \sqrt{z^2 + (R - \sqrt{x^2 + y^2})^2} - r.$$

Cette fonction Level Set est une fonction distance car $|\nabla \varphi| = 1$. La normale est donnée par

$$n = \frac{1}{\sqrt{z^2 + (R - \sqrt{x^2 + y^2})^2}} \left(x \left(1 - \frac{R}{\sqrt{x^2 + y^2}} \right), y \left(1 - \frac{R}{\sqrt{x^2 + y^2}} \right), z \right).$$

En utilisant (1.9) on obtient la courbure moyenne

$$H = \left(2 - \frac{R}{\sqrt{x^2 + y^2}} \right) \frac{1}{\sqrt{z^2 + (R - \sqrt{x^2 + y^2})^2}}.$$

et, à l'aide de (1.10) la courbure de Gauss

$$G = \left(1 - \frac{R}{\sqrt{x^2 + y^2}} \right) \frac{1}{z^2 + (R - \sqrt{x^2 + y^2})^2}.$$

Dans le cas du tore ces formules se simplifient car $z^2 + (R - \sqrt{x^2 + y^2})^2 = r^2$.

7.2 Justification des résultats utilisés pour les membranes avec cisaillement

On s'intéresse dans cette section à détailler les résultats concernant les membranes avec cisaillement utilisés dans la section 3.3 du chapitre 3. On montrera tout d'abord quelles sont les équations vérifiées par les invariants puis on montrera que le premier invariant Z_1 correspond à la variation locale d'aire et peut être calculé à l'aide du gradient d'une seule fonction Level Set.

On présentera ensuite quelques illustrations analytiques afin justifier pourquoi le deuxième invariant Z_2 mesure la variation de cisaillement.

7.2.1 Preuves des résultats concernant l'invariant Z_1

Commençons cette section par un lemme qui nous servira dans la suite. On peut le voir comme une extension du théorème classique de Cayley-Hamilton lorsque la matrice a une valeur propre nulle.

Lemme 7.1. *Soit $\mathcal{A}$ une matrice de taille 3 symétrique avec une valeur propre nulle simple. Notons n le vecteur propre associé qui vérifie $\mathcal{A}n = 0$. Alors on a l'identité :*

$$\mathcal{A}^2 - \text{Tr}(\mathcal{A})\mathcal{A} + \text{Tr}(\text{Cof}(\mathcal{A}))[\mathbb{I} - n \otimes n] = 0. \tag{7.1}$$

Preuve. Il est équivalent de montrer le lemme dans n'importe quelle base de $\mathbb{R}^3$. On considère dans $\mathbb{R}^3$ la base orthonormale $\mathcal{B}' = (e'_1, e'_2, e'_3) = (\tau_1, \tau_2, n)$ où (τ_1, τ_2) est une base orthonormale du plan tangent orthogonal à n. Soit $\mathcal{A}'$ la matrice du tenseur $\mathcal{A}$ dans la base $\mathcal{B}'$ et on note $\mathcal{A}'_{ij}$ ses coefficients. D'après les hypothèses, on a $\mathcal{A}n = 0$, donc $\mathcal{A}'_{i3} = 0$. Comme $\mathcal{A}$ est une matrice symétrique et $\mathcal{B}'$ est une base orthonormale, la matrice $\mathcal{A}'$ est symétrique et sa structure est donnée par :

$$\mathcal{A}' = \begin{pmatrix} \mathcal{A}'_{11} & \mathcal{A}'_{12} & 0 \\ \mathcal{A}'_{12} & \mathcal{A}'_{22} & 0 \\ 0 & 0 & 0 \end{pmatrix},$$

et donc

$$(\mathcal{A}')^2 = \begin{pmatrix} (\mathcal{A}'_{11})^2 + (\mathcal{A}'_{12})^2 & \mathcal{A}'_{11}\mathcal{A}'_{12} + \mathcal{A}'_{12}\mathcal{A}'_{22} & 0 \\ \mathcal{A}'_{11}\mathcal{A}'_{12} + \mathcal{A}'_{12}\mathcal{A}'_{22} & (\mathcal{A}'_{12})^2 + (\mathcal{A}'_{22})^2 & 0 \\ 0 & 0 & 0 \end{pmatrix}.$$

Dans la base $\mathcal{B}'$ on a

$$\mathbb{I} - n \otimes n = \begin{pmatrix} 1 & 0 & 0 \\ 0 & 1 & 0 \\ 0 & 0 & 0 \end{pmatrix}.$$

$\mathcal{A}'$ et $\mathcal{A}$ ont les mêmes invariants donc

$$\text{Tr}(\mathcal{A}) = \text{Tr}(\mathcal{A}') = \mathcal{A}'_{11} + \mathcal{A}'_{22},$$
$$\text{Tr}(\text{Cof}(\mathcal{A})) = \text{Tr}(\text{Cof}(\mathcal{A}')) = \mathcal{A}'_{11}\mathcal{A}'_{22} - (\mathcal{A}'_{12})^2.$$

Il est simple de montrer que $\mathcal{A}' \text{Tr}(\mathcal{A}') - (\mathcal{A}')^2 = \text{Tr}(\text{Cof}(\mathcal{A}'))[\mathbb{I} - n \otimes n]$ et le résultat est prouvé. $\qquad\square$

Rappelons maintenant les définitions données dans la section 3.3.2. On suit les déformations de manière eulérienne à l'aide des caractéristiques rétrogrades qui vérifient l'équation de transport suivante :

$$\partial_t Y + u \cdot \nabla Y = 0. \tag{7.2}$$

Le tenseur des déformations surfacique est défini par $\mathcal{A} = M M^T$ avec

$$M = [\nabla Y]^{-1} [\mathbb{I} - n_0(Y) \otimes n_0(Y)].$$

où n_0 désigne la normale à la surface dans la configuration initiale. Le tenseur $\mathcal{A}$ peut alors se réécrire avec le tenseur de Cauchy-Green à droite $B = [\nabla Y]^{-1} [\nabla Y]^{-T}$ sous la forme

$$\mathcal{A} = B - \frac{(Bn) \otimes (Bn)}{(Bn) \cdot n}. \tag{7.3}$$

où n désigne la normale à la surface dans la configuration déformée. On a $\mathcal{A}n = 0$ donc $\det(\mathcal{A}) = 0$. Les invariants Z_1 et Z_2 sont définis par

$$Z_1 = \sqrt{\mathrm{Tr}(\mathrm{Cof}(\mathcal{A}))} \qquad \text{et} \qquad Z_2 = \frac{\mathrm{Tr}(\mathcal{A})}{2\sqrt{\mathrm{Tr}(\mathrm{Cof}(\mathcal{A}))}}. \tag{7.4}$$

Les équations vérifiées par ces invariants sont données par la proposition suivante :

Proposition 7.2. *Sous hypothèses de régularité sur le champ u, les invariants vérifient :*

$$\partial_t Z_1 + u \cdot \nabla Z_1 = Z_1 \, [\nabla u] : \mathcal{C}_1, \qquad \mathcal{C}_1 = \mathbb{I} - n \otimes n, \tag{7.5}$$

$$\partial_t Z_2 + u \cdot \nabla Z_2 = Z_2 \, [\nabla u] : \mathcal{C}_2, \qquad \mathcal{C}_2 = \frac{2\mathcal{A}}{\mathrm{Tr}(\mathcal{A})} - (\mathbb{I} - n \otimes n). \tag{7.6}$$

Preuve. En utilisant (7.2) on obtient

$$\partial_t([\nabla Y]^{-1}) + u \cdot \nabla([\nabla Y]^{-1}) = [\nabla u][\nabla Y]^{-1}, \tag{7.7}$$

$$\partial_t([\nabla Y]^{-T}) + u \cdot \nabla([\nabla Y]^{-T}) = [\nabla Y]^{-T}[\nabla u]^T, \tag{7.8}$$

puis, avec $B = [\nabla Y]^{-1}[\nabla Y]^{-T}$,

$$\partial_t B + u \cdot \nabla B = [\nabla u]B + B[\nabla u]^T. \tag{7.9}$$

On a également avec (7.2)

$$\partial_t(\mathbb{I} - n_0(Y) \otimes n_0(Y)) + u \cdot \nabla(\mathbb{I} - n_0(Y) \otimes n_0(Y)) = 0.$$

Cette relation combinée à (7.7) donne

$$\partial_t M + u \cdot \nabla M = [\nabla u]M, \qquad \partial_t M^T + u \cdot \nabla (M^T) = M^T [\nabla u]^T. \qquad (7.10)$$

En utilisant (7.10) on obtient ($\mathcal{A} = MM^T$)

$$\partial_t \mathcal{A} + u \cdot \nabla \mathcal{A} = [\nabla u]\mathcal{A} + \mathcal{A}[\nabla u]^T \qquad (7.11)$$

où la condition initiale est donnée par $\mathcal{A}(0) = \mathbb{I} - n_0 \otimes n_0$. On peut noter que d'après (7.9), B vérifie la même équation avec une condition initiale différente $B(0) = \mathbb{I}$. En prenant la trace de (7.11), il vient

$$\partial_t \operatorname{Tr}(\mathcal{A}) + u \cdot \nabla \operatorname{Tr}(\mathcal{A}) = 2[\nabla u] : \mathcal{A} \qquad (7.12)$$

puis

$$\partial_t \operatorname{Tr}(\operatorname{Cof}(\mathcal{A})) + u \cdot \nabla \operatorname{Tr}(\operatorname{Cof}(\mathcal{A})) = 2[\mathcal{A}\operatorname{Tr}(\mathcal{A}) - \mathcal{A}^2] : [\nabla u].$$

En utilisant l'équation précédente et l'identité (7.1) du lemme 7.1 on obtient (7.5)

$$\partial_t Z_1 + u \cdot \nabla Z_1 = Z_1 \frac{[\mathcal{A}\operatorname{Tr}(\mathcal{A}) - \mathcal{A}^2]}{\operatorname{Tr}(\operatorname{Cof}(\mathcal{A}))} : [\nabla u] = Z_1[\mathbb{I} - n \otimes n] : [\nabla u].$$

En utilisant (7.12) et l'équation précédente sur Z_1 on obtient (7.6). On a $\mathcal{C}_i n = 0$ car $\mathcal{A}n = 0$. $\qquad \square$

Montrons maintenant que Z_1 mesure la variation locale d'aire.

Proposition 7.3. *Soit u un champ de vitesse régulier et S_0 une surface régulière, déformée en $S_t = X(t, S_0)$. Soit $(\theta_1, \theta_2) \mapsto \gamma(t, \theta_1, \theta_2)$ une paramétrisation de la surface S_t avec $\gamma : \mathbb{R}^+ \times U \longrightarrow \mathbb{R}^3$ où U est un ouvert de $\mathbb{R}^2$. La variation locale d'aire vérifie*

$$\frac{|\partial_{\theta_1} \gamma(t,\theta) \times \partial_{\theta_2} \gamma(t,\theta)|}{|\partial_{\theta_1} \gamma(0,\theta) \times \partial_{\theta_2} \gamma(0,\theta)|} = \frac{Z_1(\gamma(t,\theta), t)}{Z_1(\gamma(0,\theta), 0)} = \frac{Z_1(x,t)}{Z_1(Y(x,t), 0)} \qquad (7.13)$$

avec la notation $\theta = (\theta_1, \theta_2)$ et $x = \gamma(t, \theta)$.

Preuve. Soit $f : \mathbb{R}^3 \times \mathbb{R}^+ \longrightarrow \mathbb{R}$ une fonction régulière. La formule de Reynolds pour les surfaces (2.16) s'écrit

$$\frac{\mathrm{d}}{\mathrm{d}t} \left(\int_{S_t} f ds \right) = \int_{S_t} \partial_t f + u \cdot \nabla f + f[\nabla u] : [\mathbb{I} - n \otimes n] ds.$$

Soit $g : \mathbb{R}^3 \longrightarrow \mathbb{R}$ une fonction régulière et $f(x,t) = \frac{g(Y(x,t))}{Z_1(x,t)}$. L'expression sous l'intégrale devient

$$\frac{1}{Z_1}\left(\partial_t(g(Y))+u\cdot\nabla(g(Y))\right)-\frac{g(Y)}{(Z_1)^2}\left(\partial_t Z_1+u\cdot\nabla Z_1-Z_1[\nabla u]:[\mathbb{I}-n\otimes n]\right).$$

Au vu de (7.2) et de l'équation (7.5) du théorème 7.2, le premier et le second termes s'annulent. Il vient donc

$$\frac{\mathrm{d}}{\mathrm{d}t}\left(\int_{S_t}\frac{g(Y(x,t))}{Z_1(x,t)}\,ds\right)=0. \tag{7.14}$$

Comme $\gamma(0,\theta)=Y(\gamma(t,\theta),t)$, l'équation (7.14) devient

$$\int_U\frac{g(\gamma(0,\theta))}{Z_1(\gamma(t,\theta),t)}|\partial_{\theta_1}\gamma(t,\theta)\times\partial_{\theta_2}\gamma(t,\theta)|\,d\theta$$
$$=\int_U\frac{g(\gamma(0,\theta))}{Z_1(\gamma(0,\theta),0)}|\partial_{\theta_1}\gamma(0,\theta)\times\partial_{\theta_2}\gamma(0,\theta)|\,d\theta.$$

Ce résultat est vrai quelque soit g. On obtient donc (7.13) et Z_1 mesure la variation locale d'aire (dans les cas compressible et incompressible). □

Nous montrons maintenant que l'invariant Z_1 peut s'exprimer avec une seule fonction Level Set et le jacobien du changement de variable associé à la déformation noté J. Considérons $\varphi:\mathbb{R}^3\to\mathbb{R}$ une fonction Level Set vérifiant l'équation de transport

$$\partial_t\varphi+u\cdot\nabla\varphi=0. \tag{7.15}$$

On rappelle qu'on a alors $\varphi(x,t)=\varphi_0(Y(x,t))$ et que le gradient de cette relation donne

$$\nabla\varphi=[\nabla Y]^T\nabla\varphi_0(Y) \tag{7.16}$$

De plus, on rappelle que la normale à la surface $\{\varphi=0\}$ est donnée par $n=\frac{\nabla\varphi}{|\nabla\varphi|}$.

Proposition 7.4. *Soit* $J=\det(\nabla_\xi X)=\det(\nabla Y)^{-1}$, *alors*

$$Z_1=J\frac{|\nabla\varphi|}{|\nabla\varphi_0(Y)|}. \tag{7.17}$$

Preuve. L'invariant $Z_1=\sqrt{\mathrm{Tr}(\mathrm{Cof}(\mathcal{A}))}$ est défini par (7.4). En prenant la trace de (7.3), on a

$$\mathrm{Tr}(\mathcal{A})^2=\left(\mathrm{Tr}(B)-\frac{(B^2n)\cdot n}{(Bn)\cdot n}\right)^2$$

et

$$\mathrm{Tr}(\mathcal{A}^2) = \mathrm{Tr}(B^2) - 2\frac{(B^3 n)\cdot n}{(Bn)\cdot n} + \left(\frac{(B^2 n)\cdot n}{(Bn)\cdot n}\right)^2.$$

En utilisant le théorème de Cayley-Hamilton on a

$$B^3 - \mathrm{Tr}(B)B^2 + \mathrm{Tr}(\mathrm{Cof}(B))B - \det(B)\mathbb{I} = 0,$$

d'où on déduit

$$\mathrm{Tr}(\mathrm{Cof}(\mathcal{A})) = \frac{1}{(Bn)\cdot n}\left((B^3 n)\cdot n - \mathrm{Tr}(B)(B^2 n)\cdot n + \mathrm{Tr}(\mathrm{Cof}(B))(Bn)\cdot n\right)$$
$$= \frac{\det(B)}{(Bn)\cdot n}.$$

En utilisant (7.16) on obtient

$$(Bn)\cdot n = \left|[\nabla Y]^{-T}\frac{\nabla\varphi}{|\nabla\varphi|}\right|^2 = \frac{|\nabla\varphi_0(Y)|^2}{|\nabla\varphi|^2}.$$

En utilisant la relation $\det(B) = J^2$ l'expression de Z_1 se réduit à (7.17). On retrouve le résultat de la proposition 3.2 : la variation locale d'aire est capturée par $|\nabla\varphi|$ dans le cas incompressible puisque dans ce cas $J = 1$. ÷ $\square$

7.2.2 Illustrations analytiques pour Z_2

Nous présentons à présent quelques illustrations analytiques pour montrer que Z_2 défini par (7.4) et (7.3) est intuitivement une "bonne" mesure de la variation locale de cisaillement d'une surface. Dans tous les cas tests, nous définissons une surface initiale $\Gamma_0 = \{\varphi_0 = 0\}$ et un champ de vitesse u qui va déplacer les points matériels de cette surface. Nous calculons ensuite les caractéristiques retrogrades Y et les invariants Z_1 et Z_2 pour voir comment ces quantités eulériennes enregistrent l'information sur la déformation. Les cas tests et les résultats sont décrits dans la Table 7.1. Dans cette première série de cas tests (TC1 à TC4), alors que les points matériels ont pu bouger, la surface initiale et et la surface déformée sont globalement les mêmes ($\Gamma_0 = \Gamma_t$). De plus, les déformations sont uniformes dans l'espace dans le sens où les invariants Z_i sur la surface ne dépendent pas des variables spatiales (sauf pour TC4). Dans les déformations 2D dénommées α et β (TC1 et TC2) la surface initiale est le plan $z = 0$. On renvoie à la section 3.3.3 pour les figures associées à ces deux premiers cas tests. Le champ de vitesse associé à chaque déformation est représenté sur les figures ci-dessous avec les valeurs correspondantes de Z_1 et Z_2.

La déformation $\beta = -1$ est une rotation et comme prévu (avec $\sqrt{\beta}$ identifié à $i \in \mathbb{C}$), il n'y a pas de variation d'aire et de cisaillement (voir Figure 3.7).

La déformation $\alpha = 1$ est une dilatation pure et comme prévu, il n'y a qu'une variation d'aire (voir Figure 3.4).

Les déformations $\beta = 0$, $\beta = 1$, $\alpha = -1$ correspondent à différentes transformations de cisaillement et comme prévu, il n'y a qu'une variation de cisaillement (voir Figure 3.8, 3.6, 3.3). Notons que pour la déformation $\beta = 0$, nous prenons la limite $\beta \longrightarrow 0$ pour Y et Z_i.

La déformation $\alpha = 0$ est uniaxiale et il y a une variation d'aire et de cisaillement (voir Figure 3.5). Cela peut sembler surprenant à première vue, mais quand une surface est étirée dans deux directions de magnitude différente ($\alpha \neq 1$), nous avons un cisaillement et donc comme prévu $Z_2 = \mathrm{ch}(t(1-\alpha)) \neq 1$.

Dans les cas de test 'cisaillement circulaire 3D', les surfaces initiales sont un cylindre (TC3 voir figure 7.1) et une sphère (TC4 voir Figure 7.2). Dans chaque plan $\{z = \alpha\}$ la vitesse est une rotation de magnitude α. Dans ces cas tests, il n'y a pas de variation d'aire, mais une variation de cisaillement pure. Pour TC3, $Z_2 = 1 + \frac{t^2}{2}$ est constant sur la surface ($x^2 + y^2 = 1$ sur le cylindre). Ce cas test est clairement une généralisation 3D sur un cylindre de la déformation 2D $\beta = 0$ et c'est pourquoi nous avons trouvé les mêmes invariants. Pour TC4, $Z_2 = 1 + \frac{t^2}{2}(1-z^2)^2$ sur la surface et ne dépend que de la hauteur z ce qui est intuitif ($x^2 + y^2 + z^2 = 1$ sur la sphère).

TC	$\varphi_0(x,y,z)$	u	$Y(x,y,z,t)$	Z_1	Z_2
1	z	$\begin{pmatrix} x \\ \alpha y \\ 0 \end{pmatrix}$	$\begin{pmatrix} xe^{-t} \\ ye^{-\alpha t} \\ z \end{pmatrix}$	$e^{t(1+\alpha)}$	$\mathrm{ch}(t(1-\alpha))$
2	z	$\begin{pmatrix} \beta y \\ x \\ 0 \end{pmatrix}$	$\begin{pmatrix} x\mathrm{ch}(t\sqrt{\beta}) - y\sqrt{\beta}\mathrm{sh}(t\sqrt{\beta}) \\ -\frac{x}{\sqrt{\beta}}\mathrm{sh}(t\sqrt{\beta}) + y\mathrm{ch}(t\sqrt{\beta}) \\ z \end{pmatrix}$	1	$1 + \frac{(1+\beta)^2}{2\beta}\mathrm{sh}^2(t\sqrt{\beta})$
3	$x^2 + y^2 - 1$	$\begin{pmatrix} -yz \\ xz \\ 0 \end{pmatrix}$	$\begin{pmatrix} x\cos(tz) + y\sin(tz) \\ -x\sin(tz) + y\cos(tz) \\ z \end{pmatrix}$	1	$1 + \frac{t^2}{2}(x^2 + y^2)$
4	$x^2 + y^2 + z^2 - 1$	$\begin{pmatrix} -yz \\ xz \\ 0 \end{pmatrix}$	$\begin{pmatrix} x\cos(tz) + y\sin(tz) \\ -x\sin(tz) + y\cos(tz) \\ z \end{pmatrix}$	1	$1 + \frac{t^2(x^2+y^2)^2}{2(x^2+y^2+z^2)}$
5	$x^2 + y^2 + z^2 - 1$	$\begin{pmatrix} x \\ y \\ z \end{pmatrix}$	$\begin{pmatrix} e^{-t}x \\ e^{-t}y \\ e^{-t}z \end{pmatrix}$	e^{2t}	1
6	$\max(|x|,|y|,|z|) - 1$	$\begin{pmatrix} 0 \\ x \\ 0 \end{pmatrix}$	$\begin{pmatrix} x \\ y - tx \\ z \end{pmatrix}$	voir (7.18)-(7.20)	
7	$x^2 + y^2 + z^2 - 1$	$\begin{pmatrix} 0 \\ x \\ 0 \end{pmatrix}$	$\begin{pmatrix} x \\ y - tx \\ z \end{pmatrix}$	voir (7.21)	voir (7.22)

Tableau 7.1: Table des cas tests

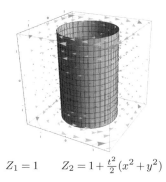

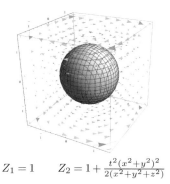

$Z_1 = 1 \qquad Z_2 = 1 + \frac{t^2}{2}(x^2 + y^2)$

$Z_1 = 1 \qquad Z_2 = 1 + \frac{t^2(x^2+y^2)^2}{2(x^2+y^2+z^2)}$

Fig. 7.1: Champ de vitesse imposé $(-yz, xz, 0)$ pour le cisaillement circulaire 3D et forme initiale pour le cylindre (TC3)

Fig. 7.2: Champ de vitesse imposé $(-yz, xz, 0)$ pour le cisaillement circulaire 3D et forme initiale pour la sphère (TC4)

Nous présentons maintenant trois cas tests (TC5 à TC7) où la surface déformée Γ_t est différente de la forme initiale Γ_0. Pour la déformation de dilatation 3D (TC5 voir Figure 7.3), la surface initiale est une sphère. Dans ce cas test, nous avons uniquement une variation d'aire.

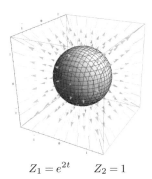

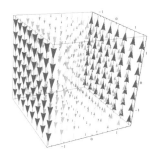

$Z_1 = e^{2t} \qquad Z_2 = 1$

Fig. 7.3: Champ de vitesse (x, y, z) pour la dilatation 3D et forme initiale de la sphere (TC5)

Fig. 7.4: Champ de vitesse $(0, x, 0)$ pour la deformation de cisaillement (TC6 et 7)

Dans les derniers cas tests, le même champ de vitesse de cisaillement (voir Figure 7.4) est appliqué sur un cube et une sphère. Pour le cas test TC6, la déformée du cube (voir Figure 7.5) est donnée par la ligne de niveau zéro de

$$\varphi(x, y, z, t) = \max(|x|, |y - tx|, |z|) - 1.$$

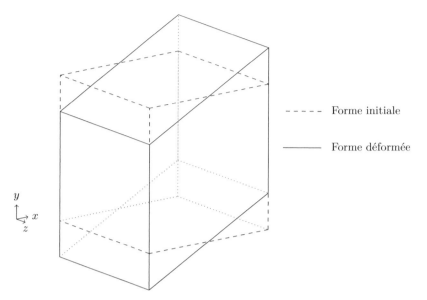

Fig. 7.5: Formes initiale et deformée du cube (TC6)

Calculons les invariants Z_1 et Z_2 sur chaque plan du cube. Nous avons les résultats suivants

Sur les faces $\{x = \pm 1\}$ $\qquad$ $Z_1 = 1,$ $\qquad\qquad$ $Z_2 = 1.$ $\qquad\qquad$ (7.18)

Sur les faces $\{y - tx = \pm 1\}$ $\quad$ $Z_1 = \sqrt{1 + t^2}$ $\qquad$ $Z_2 = \dfrac{2 + t^2}{2\sqrt{1 + t^2}}.$ $\quad$ (7.19)

Sur les faces $\{z = \pm 1\}$ $\qquad$ $Z_1 = 1,$ $\qquad\qquad$ $Z_2 = 1 + \dfrac{t^2}{2}.$ $\qquad$ (7.20)

Sur les faces correspondant à $\{x = \pm 1\}$ il n'y a pas de variation d'aire et de cisaillement (les faces sont juste translatées). Les faces $\{y - tx = \pm 1\}$ sont étirées dans une seule direction et il y a une variation d'aire et de cisaillement comme dans la déformation 2D avec $\alpha = 0$. Pour les faces $\{z = \pm 1\}$ il n'y a qu'une variation de cisaillement comme dans la déformation 2D où $\beta = 0$.

Pour le cas test TC7 la déformée de la sphere Γ_t est donnée par la ligne de niveau zéro de

$$\varphi(x, y, z, t) = x^2 + (y - tx)^2 + z^2 - 1.$$

On a

$$Z_1 = \sqrt{1 + t^2 + \frac{t^2(x^2 - z^2) - 2txy}{x^2 + (y - tx)^2 + z^2}}, \qquad (7.21)$$

$$Z_2 = \left(1 + \frac{t^2}{2} + \frac{t^2 x^2 - 2txy}{2(x^2 + (y - tx)^2 + z^2)}\right) \frac{1}{Z_1}. \qquad (7.22)$$

Dans la figure 7.6, les iso-contours de Z_1 et Z_2 sont tracés sur la surface déformée Γ_t. Les résultats sont intuitifs : la variation d'aire atteint son maximum sur des points orthogonaux au plan $y = tx$ alors que la variation de cisaillement est plus grande le long de l'axe z.

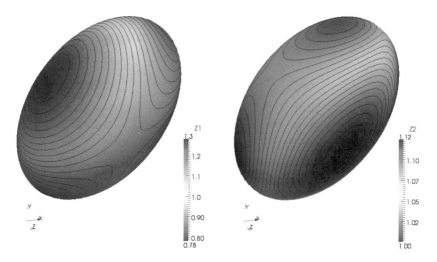

Fig. 7.6: Lignes de niveaux des invariants Z_1 et Z_2 sur la surface déformée à $t = 0.5s$ (TC7)

7.3 Justification des résultats utilisés pour les courbes paramétrées dans $\mathbb{R}^3$

On s'intéresse dans cette section à détailler les résultats concernant les courbes paramétrées utilisés dans la section 3.4 du chapitre 3. On montrera tout d'abord quelle est l'équation vérifiée par l'invariant introduit puis on montrera qu'il correspond à la variation locale de longueur et peut être calculé à l'aide du gradient des deux fonctions Level Set introduites pour representer la courbe. Nous verrons ensuite comment approcher une intégrale linéique par une intégrale volumique puis nous calculerons la force associée à une courbe élastique qui répond à une variation de longueur.

7.3.1 Preuves des résultats concernant l'invariant Z_3

Rappelons maintenant les définitions données dans la section 3.4.1. On suit les déformations de manière eulérienne à l'aide des caractéristiques rétrogrades qui vérifient l'équation de transport suivante :

$$\partial_t Y + u \cdot \nabla Y = 0. \tag{7.23}$$

Le tenseur des déformations linéiques est défini par $\mathcal{L} = \widetilde{M}\widetilde{M}^T$ avec

$$\widetilde{M} = [\nabla Y]^{-1}[\tau_0(Y) \otimes \tau_0(Y)].$$

où τ_0 désigne la tangente à la courbe dans la configuration initiale. Le tenseur $\mathcal{L}$ peut alors se réécrire avec le tenseur de Cauchy-Green à droite $B = [\nabla Y]^{-1}[\nabla Y]^{-T}$ sous la forme

$$\mathcal{L} = \frac{\tau \otimes \tau}{(B^{-1}\tau) \cdot \tau}, \tag{7.24}$$

où τ désigne la tangente à la courbe dans la configuration déformée. Le plan orthogonal à τ est donc un sous espace propre de dimension 2 associé à la valeur propre 0 de l'opérateur $\mathcal{L}$. L'invariant Z_3 est défini par

$$Z_3 = \sqrt{\mathrm{Tr}(\mathcal{L})} = \sqrt{\frac{1}{(B^{-1}\tau) \cdot \tau}}. \tag{7.25}$$

L'équation vérifiée par cet invariant est donnée par la proposition suivante :

Proposition 7.5. *Sous hypothèses de régularité sur le champ u, l'invariant Z_3 vérifie :*

$$\partial_t Z_3 + u \cdot \nabla Z_3 = Z_3 [\nabla u] : \mathcal{C}_3, \qquad \mathcal{C}_3 = \tau \otimes \tau. \tag{7.26}$$

Preuve. En utilisant (7.23) on obtient

$$\partial_t([\nabla Y]^{-1}) + u \cdot \nabla([\nabla Y]^{-1}) = [\nabla u][\nabla Y]^{-1}. \tag{7.27}$$

On a également avec (7.23)

$$\partial_t(\tau_0(Y) \otimes \tau_0(Y)) + u \cdot \nabla(\tau_0(Y) \otimes \tau_0(Y)) = 0.$$

Cette relation combinée à (7.27) donne

$$\partial_t \widetilde{M} + u \cdot \nabla \widetilde{M} = [\nabla u]\widetilde{M}, \qquad \partial_t \widetilde{M}^T + u \cdot \nabla(\widetilde{M}^T) = \widetilde{M}^T[\nabla u]^T. \tag{7.28}$$

En utilisant (7.28) on obtient ($\mathcal{L} = \widetilde{M}\widetilde{M}^T$)

$$\partial_t \mathcal{L} + u \cdot \nabla \mathcal{L} = [\nabla u]\mathcal{L} + \mathcal{L}[\nabla u]^T, \tag{7.29}$$

où la condition initiale est donnée par $\mathcal{L}(0) = \tau_0 \otimes \tau_0$. On peut noter que B vérifie la même équation avec une condition initiale différente $B(0) = \mathbb{I}$. En prenant la trace de (7.29), on peut écrire

$$\partial_t \operatorname{Tr}(\mathcal{L}) + u \cdot \nabla \operatorname{Tr}(\mathcal{L}) = 2[\nabla u] : \mathcal{L}. \tag{7.30}$$

On obtient finalement en utilisant l'équation précédente et (7.25) l'équation voulue sur Z_3

$$\partial_t Z_3 + u \cdot \nabla Z_3 = Z_3 [\nabla u] : \mathcal{C}_3, \qquad \mathcal{C}_3 = \tau \otimes \tau. \tag{7.31}$$

. $\qquad\qquad\qquad\qquad\qquad\qquad\qquad\qquad\qquad\qquad\qquad\qquad\qquad$ $\square$

Montrons maintenant que Z_3 mesure la variation locale de longueur.

Proposition 7.6. *Soit u un champ de vitesse régulier et Γ_0 une courbe régulière, déformée en $\Gamma_t = X(t, \Gamma_0)$. Soit $\theta \mapsto \gamma(t, \theta)$ une paramétrisation de la courbe Γ_t avec $\gamma : \mathbb{R}^+ \times I \longrightarrow \mathbb{R}^3$ où I est un ouvert de $\mathbb{R}$. La variation locale de longueur vérifie*

$$\frac{|\partial_\theta \gamma(t, \theta)|}{|\partial_\theta \gamma(0, \theta)|} = \frac{Z_3(\gamma(t, \theta), t)}{Z_3(\gamma(0, \theta), 0)} = \frac{Z_3(x, t)}{Z_3(Y(x, t), 0)} \tag{7.32}$$

pour $x = \gamma(t, \theta)$.

Preuve. Soit $f : \mathbb{R}^3 \times \mathbb{R}^+ \longrightarrow \mathbb{R}$ une fonction régulière. La formule de Reynolds pour les courbes (2.19) s'écrit

$$\frac{\mathrm{d}}{\mathrm{d}t}\left(\int_{\Gamma_t} f \, dl\right) = \int_{\Gamma_t} \partial_t f + u \cdot \nabla f + f[\nabla u] : [\tau \otimes \tau] \, dl.$$

Soit $g : \mathbb{R}^3 \longrightarrow \mathbb{R}$ une fonction régulière et $f(x, t) = \frac{g(Y(x,t))}{Z_3(x,t)}$. L'expression sous l'intégrale devient

$$\frac{1}{Z_3}\left(\partial_t(g(Y)) + u \cdot \nabla(g(Y))\right) - \frac{g(Y)}{(Z_3)^2}\left(\partial_t Z_3 + u \cdot \nabla Z_3 - Z_3[\nabla u] : [\tau \otimes \tau]\right).$$

Le premier terme s'annule avec (7.23). Le second aussi d'après l'équation (7.26) de la proposition 7.5. Donc

$$\frac{\mathrm{d}}{\mathrm{d}t}\left(\int_{\Gamma_t} \frac{g(Y(x,t))}{Z_3(x,t)} \, dl\right) = 0. \tag{7.33}$$

Comme $\gamma(0,\theta) = Y(\gamma(t,\theta),t)$ l'équation (7.33) devient

$$\int_I \frac{g(\gamma(0,\theta))}{Z_3(\gamma(t,\theta),t)}|\partial_\theta\gamma(t,\theta)|\,d\theta = \int_I \frac{g(\gamma(0,\theta))}{Z_3(\gamma(0,\theta),0)}|\partial_\theta\gamma(0,\theta)|\,d\theta.$$

Ce résultat est vrai quelque soit g. On obtient donc (7.32) et Z_3 mesure la variation locale de longueur (dans les cas compressible et incompressible). $\quad\square$

Nous montrons maintenant que l'invariant Z_3 peut s'exprimer à l'aide de deux fonctions Level Set et du jacobien du changement de variable associé à la déformation noté J. Considérons deux fonctions Level Set $\varphi^i : \mathbb{R}^3 \to \mathbb{R}$ vérifiant l'équation de transport

$$\partial_t\varphi^i + u\cdot\nabla\varphi^i = 0. \tag{7.34}$$

On rappelle qu'on a alors $\varphi^i(x,t) = \varphi_0^i(Y(x,t))$ et que le gradient de cette relation donne

$$\nabla\varphi^i = [\nabla Y]^T\nabla\varphi_0^i(Y). \tag{7.35}$$

De plus la tangente à la courbe est donnée par

$$\tau = \frac{\nabla\varphi^1 \times \nabla\varphi^2}{|\nabla\varphi^1 \times \nabla\varphi^2|}. \tag{7.36}$$

Proposition 7.7. *Soit* $J = \det(\nabla_\xi X) = \det(\nabla Y)^{-1}$, *alors*

$$Z_3 = J\frac{|\nabla\varphi^1 \times \nabla\varphi^2|}{|\nabla\varphi_0^1(Y) \times \nabla\varphi_0^2(Y)|}. \tag{7.37}$$

Preuve. En utilisant (7.25), la définition de B et (7.36) on obtient

$$(Z_3)^{-1} = (B^{-1}\tau)\cdot\tau = |[\nabla Y]\tau|^2 = \left|[\nabla Y]\frac{\nabla\varphi^1 \times \nabla\varphi^2}{|\nabla\varphi^1 \times \nabla\varphi^2|}\right|^2.$$

On obtient le résultat annoncé en utilisant (7.35) et la relation $A(A^T a_1 \times A^T a_2) = \det(A^T)(a_1 \times a_2)$ (qui est une réécriture de l'identité classique $(Aa_1) \times (Aa_2) = \text{Cof}(A)(a_1 \times a_2)$). $\quad\square$

7.3.2 Formules de l'aire et de la co-aire

Ces formules généralisent les changement de variables classiques qui transforment des intégrales entre des domaines de même dimension. La formule dite de l'aire concerne les changements de variables pour des fonctions de $\mathbb{R}^n \longrightarrow \mathbb{R}^3$ avec $n = 1, 2$ ou 3 et correspond en fait au calcul d'intégrales volumiques, surfaciques et linéiques à l'aide d'une paramétrisation. La formule de la co-aire traite des changements de variables pour des fonctions de $\mathbb{R}^3 \longrightarrow \mathbb{R}^p$ avec $p = 1, 2$ ou 3 et correspond en fait au calcul d'intégrales volumiques à l'aide d'intégrales sur des lignes de niveaux. Ces résultats nous permettront d'obtenir des formules d'approximations volumiques d'intégrales surfaciques et linéiques.

Les résultats et preuves sur les formules de l'aire et de la co-aire pourront être trouvé dans les ouvrages de référence sur le sujet, par exemple [58]. Dans les propositions suivantes, on considère une fonction $f : \mathbb{R}^3 \mapsto \mathbb{R}$.

Proposition 7.8. *Soit $\theta \mapsto \gamma(\theta)$ une paramétrisation régulière de l'objet géométrique que l'on considère (courbe, surface ou volume) avec $\gamma : U \longrightarrow \mathbb{R}^3$ où U est un ouvert de $\mathbb{R}^n$ ($n = 1, 2$ ou 3). La formule de l'aire est la suivante*

$$\int_{\gamma(U)} f = \int_U f(\gamma(\theta)) \sqrt{\det([\nabla_\theta \gamma]^T [\nabla_\theta \gamma])} d\theta. \qquad (7.38)$$

La matrice $[\nabla_\theta \gamma]$ est de taille $3 \times n$ et donc $g(\theta) = [\nabla_\theta \gamma]^T [\nabla_\theta \gamma]$ est une matrice $n \times n$ de terme général $g_{ij} = \partial_{\theta_i} \gamma \cdot \partial_{\theta_j} \gamma$. On obtient donc pour une courbe Γ ($n = 1$, g est un scalaire) l'élément de longueur $\sqrt{\det(g)} = \sqrt{\partial_\theta \gamma \cdot \partial_\theta \gamma} = |\partial_\theta \gamma|$. Pour une surface S ($n = 2$, g est une matrice 2×2) on obtient l'élément de surface $\sqrt{\det(g)} = \sqrt{|\partial_{\theta_1} \gamma|^2 |\partial_{\theta_2} \gamma|^2 - (\partial_{\theta_1} \gamma \cdot \partial_{\theta_2} \gamma)^2} = |\partial_{\theta_1} \gamma \times \partial_{\theta_2} \gamma|$. Enfin pour un volume Ω ($n = 3$, g est une matrice 3×3) on obtient l'élément de volume $\sqrt{\det(g)} = \sqrt{\det([\nabla_\theta \gamma]^T [\nabla_\theta \gamma])} = |\det(\nabla_\theta \gamma)|$.

On cherche maintenant à calculer l'intégrale d'une fonction sur un volume à l'aide d'intégrales sur les lignes de niveaux d'une fonction vectorielle φ.

Proposition 7.9. *On considère une fonction $\varphi : \mathbb{R}^3 \longrightarrow \mathbb{R}^p$ ($p = 1, 2$ ou 3) . La formule de la co-aire est la suivante*

$$\int_{\mathbb{R}^3} f(x) \sqrt{\det([\nabla_x \varphi][\nabla_x \varphi]^T)} \, dx = \int_{\mathbb{R}^p} \left(\int_{\{\varphi = r\}} f \right) dr. \qquad (7.39)$$

La matrice $[\nabla_x \varphi]$ est de taille $p \times 3$ et $\widetilde{g}(x) = [\nabla_x \varphi][\nabla_x \varphi]^T$ est une matrice $p \times p$ de terme général $\widetilde{g}_{ij} = \nabla_x \varphi^i \cdot \nabla_x \varphi^j$ où l'on a noté φ^i la i-éme composante de φ.

Dans le cas $p = 1$, $\widetilde{g}$ est un scalaire, $\sqrt{\det(\widetilde{g})} = \sqrt{\nabla_x \varphi \cdot \nabla_x \varphi} = |\nabla_x \varphi|$ et les lignes de niveau de φ sont des surfaces.

Proposition 7.10. *La formule de la co-aire pour les objets de codimension 1 s'écrit*

$$\int_{\mathbb{R}^3} f(x) \, dx = \int_{\mathbb{R}} \left(\int_{\{\varphi = r\}} f(x) |\nabla_x \varphi(x)|^{-1} \, ds \right) dr. \qquad (7.40)$$

On retrouve ici le résultat du lemme 3.1.

Dans le cas $p = 2$, $\widetilde{g}$ est une matrice 2×2,

$$\sqrt{\det(\widetilde{g})} = \sqrt{|\nabla_x \varphi^1|^2 |\nabla_x \varphi^2|^2 - (\nabla_x \varphi^1 \cdot \nabla_x \varphi^2)^2} = |\nabla_x \varphi^1 \times \nabla_x \varphi^2|.$$

et les lignes de niveau de φ sont des courbes.

Proposition 7.11. *La formule de la co-aire pour des objets de codimension 2 s'écrit*

$$\int_{\mathbb{R}^3} f(x) \, dx = \int_{\mathbb{R}^2} \left(\int_{\{\varphi^1 = r_1\} \cap \{\varphi^2 = r_2\}} f(x) |\nabla_x \varphi^1(x) \times \nabla_x \varphi^2(x)|^{-1} \, dl \right) dr_1 \, dr_2 \quad (7.41)$$

Dans le cas $p = 3$, $\widetilde{g}$ est une matrice 3×3,

$$\sqrt{\det(\widetilde{g})} = \sqrt{\det([\nabla_x \varphi][\nabla_x \varphi]^T)} = |\det(\nabla_x \varphi)|.$$

et les lignes de niveau de φ sont des points. On retrouve donc la formule classique de changement de variables pour les volumes.

7.3.3 Approximation volumique d'intégrales linéiques et calcul de la force élastique

On peut maintenant en déduire une formule d'approximation volumique d'une intégrale linéique, analogue à la formule (1.24) pour les intégrales de surface.

Proposition 7.12. *Soit $r \to \zeta(r)$ une fonction continue à support dans $[-1,1]$, telle que $\int \zeta(r)\,dr = 1$ et φ^1, φ^2 deux fonctions de classe C^2 de $\mathbb{R}^3$ dans $\mathbb{R}$ telles que $|\nabla\varphi^1 \times \nabla\varphi^2(x)| > 0$ pour tout x dans un voisinage de $\{\varphi^1 = 0\} \cap \{\varphi^2 = 0\}$. Alors*

$$\frac{1}{\varepsilon^2}\zeta\left(\frac{\varphi^1}{\varepsilon}\right)\zeta\left(\frac{\varphi^2}{\varepsilon}\right)|\nabla\varphi^1 \times \nabla\varphi^2| \underset{\varepsilon\to 0}{\to} \delta_{\{\varphi^1=0\}\cap\{\varphi^2=0\}} \tag{7.42}$$

dans l'espace des mesures.

Preuve. Sous les hypothèses faites pour ζ, on a pour toute fonction continue $g : \mathbb{R}^2 \longrightarrow \mathbb{R}$ par simple changement de variable et convergence dominée

$$\int_{\mathbb{R}^2} \frac{1}{\varepsilon^2}\zeta\left(\frac{r_1}{\varepsilon}\right)\zeta\left(\frac{r_2}{\varepsilon}\right) g(r_1, r_2)\,dr_1\,dr_2 \underset{\varepsilon\longrightarrow 0}{\longrightarrow} g(0,0). \tag{7.43}$$

Cette propriété exprime la convergence faible vers la masse de Dirac bidimensionnelle au point $(0,0)$. En appliquant la formule précédente à $g(r_1, r_2) = \int_{\{\varphi^1=r_1\}\cap\{\varphi^2=r_2\}} f(x)\,dl$ et en utilisant la formule de la co-aire (7.41) de la proposition 7.11, on obtient

$$\int_{\mathbb{R}^2} \int_{\{\varphi^1=r_1\}\cap\{\varphi^2=r_2\}} f(x)\frac{1}{\varepsilon^2}\zeta\left(\frac{\varphi^1(x)}{\varepsilon}\right)\zeta\left(\frac{\varphi^2(x)}{\varepsilon}\right) dl\,dr_1\,dr_2$$

$$= \int_{\mathbb{R}^3} f(x)|\nabla\varphi^1(x) \times \nabla\varphi^2(x)|\frac{1}{\varepsilon^2}\zeta\left(\frac{\varphi^1(x)}{\varepsilon}\right)\zeta\left(\frac{\varphi^2(x)}{\varepsilon}\right) dx$$

$$\underset{\varepsilon\longrightarrow 0}{\longrightarrow} \int_{\{\varphi^1=0\}\cap\{\varphi^2=0\}} f(x)\,dl. \tag{7.44}$$

La proposition est donc démontrée. $\qquad\qquad\square$

Rappelons que l'évolution de la courbe élastique est capturée par deux fonctions Level Set φ^1, φ^2 qui sont transportées par le champ de vitesses u. De plus, l'invariant Z_3 mesure la variation locale de longueur de la courbe d'après la proposition 7.6 et s'exprime à l'aide du gradient de ces fonctions Level Set d'après la proposition 7.7. On introduit à présent l'énergie régularisée

$$\mathcal{E}_3 = \int_\Omega E_3(Z_3)\frac{1}{\varepsilon^2}\zeta\left(\frac{\varphi^1}{\varepsilon}\right)\zeta\left(\frac{\varphi^2}{\varepsilon}\right) dx. \tag{7.45}$$

où E_3 est la loi de comportement associée à l'invariant Z_3. La force associée à cette énergie est donnée par la proposition suivante :

Proposition 7.13. *Le principe des travaux virtuels permet d'écrire la variation temporelle de $\mathcal{E}_3$ comme*

$$\partial_t \mathcal{E}_3 = -\int_\Omega F_3 \cdot u \, dx \qquad (7.46)$$

et conduit à l'expression suivante de la force :

$$F_3 = \nabla \left(E_3(Z_3) \frac{1}{\varepsilon^2} \zeta \left(\frac{\varphi^1}{\varepsilon} \right) \zeta \left(\frac{\varphi^2}{\varepsilon} \right) \right)$$
$$+ \operatorname{div} \left(E_3'(Z_3) Z_3 \mathcal{C}_3 \frac{1}{\varepsilon^2} \zeta \left(\frac{\varphi^1}{\varepsilon} \right) \zeta \left(\frac{\varphi^2}{\varepsilon} \right) \right), \quad (7.47)$$

avec $\mathcal{C}_3 = \tau \otimes \tau$.

Preuve. En dérivant par rapport à t on peut écrire

$$\partial_t \mathcal{E}_3 = \int_\Omega E_3'(Z_3) \partial_t(Z_3) \frac{1}{\varepsilon^2} \zeta \left(\frac{\varphi^1}{\varepsilon} \right) \zeta \left(\frac{\varphi^2}{\varepsilon} \right) dx$$
$$+ \int_\Omega E_3(Z_3) \frac{1}{\varepsilon^2} \zeta' \left(\frac{\varphi^1}{\varepsilon} \right) \partial_t \varphi^1 \frac{1}{\varepsilon} \zeta \left(\frac{\varphi^2}{\varepsilon} \right) dx$$
$$+ \int_\Omega E_3(Z_3) \frac{1}{\varepsilon} \zeta \left(\frac{\varphi^1}{\varepsilon} \right) \frac{1}{\varepsilon^2} \zeta' \left(\frac{\varphi^2}{\varepsilon} \right) \partial_t \varphi^2 \, dx.$$

En utilisant les équations de transport sur φ^1 et φ^2 ainsi que la relation (7.26) de la proposition 7.5 on obtient

$$\partial_t \mathcal{E}_3 = \int_\Omega E_3'(Z_3)(-u \cdot \nabla Z_3 + [\nabla u] : Z_3 \mathcal{C}_3) \frac{1}{\varepsilon^2} \zeta \left(\frac{\varphi^1}{\varepsilon} \right) \zeta \left(\frac{\varphi^2}{\varepsilon} \right) dx$$
$$+ \int_\Omega E_3(Z_3) \frac{1}{\varepsilon^2} \zeta' \left(\frac{\varphi^1}{\varepsilon} \right) (-u \cdot \nabla \varphi^1) \frac{1}{\varepsilon} \zeta \left(\frac{\varphi^2}{\varepsilon} \right) dx$$
$$+ \int_\Omega E_3(Z_3) \frac{1}{\varepsilon} \zeta \left(\frac{\varphi^1}{\varepsilon} \right) \frac{1}{\varepsilon^2} \zeta' \left(\frac{\varphi^2}{\varepsilon} \right) (-u \cdot \nabla \varphi^2) \, dx.$$

En intégrant le deuxième terme par parties (l'intégrale sur $\partial\Omega$ s'annule car $\zeta(\frac{\varphi^i}{\varepsilon}) = 0$ sur $\partial\Omega$)

$$\partial_t \mathcal{E}_3 = -\int_\Omega u \cdot \nabla(E_3(Z_3))\frac{1}{\varepsilon^2}\zeta\left(\frac{\varphi^1}{\varepsilon}\right)\zeta\left(\frac{\varphi^2}{\varepsilon}\right)$$
$$+ \operatorname{div}\left(E_3'(Z_3)Z_3\mathcal{C}_3\frac{1}{\varepsilon^2}\zeta\left(\frac{\varphi^1}{\varepsilon}\right)\zeta\left(\frac{\varphi^2}{\varepsilon}\right)\right)\cdot u$$
$$+ E_3(Z_3)u\cdot\nabla\left(\frac{1}{\varepsilon^2}\zeta\left(\frac{\varphi^1}{\varepsilon}\right)\zeta\left(\frac{\varphi^2}{\varepsilon}\right)\right)dx.$$

En regroupant le premier et le dernier terme et en utilisant (7.46) on obtient le résultat souhaité. $\qquad\square$

La proposition suivante permet de décomposer cette force suivant ses composantes normales et tangentielles.

Proposition 7.14. *La force F_3 définie par (7.47) peut se réécrire, à un gradient près, sous la forme*

$$F_3 = ((\nabla\left(E_3'(Z_3)J\right)\cdot\tau)\tau + E_3'(Z_3)JHn)Z_3J^{-1}\frac{1}{\varepsilon^2}\zeta\left(\frac{\varphi^1}{\varepsilon}\right)\zeta\left(\frac{\varphi^2}{\varepsilon}\right).$$
$$(7.48)$$

Preuve. En développant la divergence dans l'expression (7.47) et en utilisant le fait que $(\tau\otimes\tau)\nabla\varphi^i = 0$ d'après (7.36) on obtient que la force s'écrit $A\frac{1}{\varepsilon^2}\zeta\left(\frac{\varphi^1}{\varepsilon}\right)\zeta\left(\frac{\varphi^2}{\varepsilon}\right)$ avec $A = \operatorname{div}(E_3'(Z_3)Z_3\tau\otimes\tau)$. En développant A et en utilisant (1.19), on obtient

$$A = E_3'(Z_3)Z_3(Hn + \tau\operatorname{div}(\tau)) + (\nabla(E_3'(Z_3)\,Z_3)\cdot\tau)\tau.$$

En écrivant le dernier terme comme $\operatorname{div}(E_3'(Z_3)Z_3\tau)\tau - E_3'(Z_3)Z_3\operatorname{div}(\tau)\tau$, deux termes se simplifient et il reste

$$A = E_3'(Z_3)Z_3Hn + \operatorname{div}(E_3'(Z_3)Z_3\tau)\tau.$$

Pour simplifier les calculs, on suppose dans la suite que la courbe est au repos initialement donc $|\nabla\varphi_0^1 \times \nabla\varphi_0^2| = 1$. Le deuxième terme se réécrit

$$\operatorname{div}(E_3'(Z_3)JZ_3J^{-1}\tau) = E_3'(Z_3)J\operatorname{div}(Z_3J^{-1}\tau) + \nabla(E_3'(Z_3)J)\cdot\tau Z_3J^{-1}.$$

Le premier terme est nul car d'après (7.37) et (7.36) on a

$$\operatorname{div}(Z_3J^{-1}\tau) = \operatorname{div}(\nabla\varphi^1\times\nabla\varphi^2) = -\nabla\varphi^1\cdot\nabla\times(\nabla\varphi^2) + \nabla\varphi^2\cdot\nabla\times(\nabla\varphi^1) = 0.$$
$$(7.49)$$

Il reste finalement, en omettant le terme en gradient,

$$F_3 = ((\nabla \left(E_3'(Z_3)J \right) \cdot \tau)\tau + E_3'(Z_3)JHn)Z_3J^{-1}\frac{1}{\varepsilon^2}\zeta\left(\frac{\varphi^1}{\varepsilon}\right)\zeta\left(\frac{\varphi^2}{\varepsilon}\right). \quad (7.50)$$

Il est intéressant de noter que la force se décompose uniquement dans la base (τ, n) et qu'il n'y a donc de composante suivant le vecteur binormal b. De plus cette décomposition est similaire à (3.18) obtenue pour les surfaces.   □

7.4 Schémas WENO pour l'équation de transport

Le coeur des méthodes présentées dans ce livre réside dans une équation de transport d'une fonction (éventuellement vectorielle) Level Set qui va enregistrer les déformations du milieu lors de son déplacement par un champ de vitesse calculé par ailleurs. Il est donc important de résoudre numériquement cette équation de manière précise sur des grilles cartésiennes (ou qui peuvent s'y ramener par changements de variables) englobant les systèmes fluide-solides considérés.

On se concentre ici sur les méthodes de différences finies qui sont le plus couramment utilisées. De nombreux schémas numériques existent pour l'équation de transport : le schéma amont est le plus classique, mais se révèle souvent trop diffusif. Le schéma de Lax-Wendroff est d'une part compliqué à écrire en dimension deux et d'autre part se comporte assez mal pour une solution irrégulière. La méthode des caractéristiques souffre du même défaut du fait de l'interpolation qui l'accompagne.

Au milieu des années 80 des schémas non linéaires généralisant le schéma amont ont été introduits par Harten, Engquist, Osher et Chakravarthy [84]. Ces schémas prennent en compte la régularité locale de la solution numérique pour déterminer sur quels points les différences finies doivent être calculées : il s'agit des schémas ENO (Essentially Non Oscillatory). Par la suite, les schémas WENO (Weighted Essentially Non Oscillatory), qui consistent à prendre une combinaison optimale des stencils de discrétisation, ont été introduits [91, 129] puis développés sous de nombreuses variantes [127, 29, 3].

Pour comprendre comment ils fonctionnent, plaçons-nous en dimension une, en considérant l'équation de transport semi-dicrétisée

$$\frac{\varphi^{n+1} - \varphi^n}{\Delta t} + u^n \partial_x \varphi^n = 0. \quad (7.51)$$

Au noeud i d'une discrétisation de l'intervalle d'étude, l'équation est donc

$$\frac{\varphi_i^{n+1} - \varphi_i^n}{\Delta t} + u_i^n (\partial_x \varphi)_i^n = 0. \quad (7.52)$$

Le schéma amont consiste simplement à approcher la dérivée en x de φ au noeud i en tenant compte du signe de u_i. On pose $(\partial_x \varphi^-)_i = \frac{\varphi_i - \varphi_{i-1}}{\Delta x}$ et

$(\partial_x \varphi^+)_i = \frac{\varphi_{i+1} - \varphi_i}{\Delta x}$ et on écrit (en omettant l'exposant n)

$$(\varphi_x)_i \approx \begin{cases} (\partial_x \varphi^-)_i & \text{si } u_i > 0, \\ (\partial_x \varphi^+)_i & \text{si } u_i < 0. \end{cases} \tag{7.53}$$

sachant que la valeur choisie pour $u_i = 0$ n'a pas d'importance dans (7.52). Ce schéma est stable sous la condition de Courant-Friedrichs-Lewy (CFL)

$$\Delta t < \frac{\Delta x}{\max |u|}. \tag{7.54}$$

Le schéma WENO que nous considérons est d'ordre 5 utilise les valeurs

$$\{\varphi_{i-3}, \varphi_{i-2}, \varphi_{i-1}, \varphi_i, \varphi_{i+1}, \varphi_{i+2}\}$$

pour déterminer une approximation de $(\partial_x \varphi^-)_i$ et

$$\{\varphi_{i-2}, \varphi_{i-1}, \varphi_i, \varphi_{i+1}, \varphi_{i+2}, \varphi_{i+3}\}$$

pour $(\partial_x \varphi^+)_i)$. Posons

$$v_1 = \frac{\varphi_{i-2} - \varphi_{i-3}}{\Delta x}, \; v_2 = \frac{\varphi_{i-1} - \varphi_{i-2}}{\Delta x}, \; v_3 = \frac{\varphi_i - \varphi_{i-1}}{\Delta x},$$
$$v_4 = \frac{\varphi_{i+1} - \varphi_i}{\Delta x}, \; v_5 = \frac{\varphi_{i+2} - \varphi_{i+1}}{\Delta x}.$$

$$\partial_x \varphi^1 = \frac{v_1}{3} - \frac{7v_2}{6} + \frac{11v_3}{6}, \quad \partial_x \varphi^2 = -\frac{v_2}{6} + \frac{5v_3}{6} + \frac{v_4}{3}, \quad \partial_x \varphi^3 = \frac{v_3}{3} + \frac{5v_4}{6} - \frac{v_5}{6},$$

sont des approximations à l'ordre trois de $\partial_x \varphi^-$. Un schéma ENO d'ordre 3 choisirait la meilleure de ces approximations au moyen d'un critère minimisant les différences divisées d'ordre trois de φ. Ce faisant, on obtient un schéma d'ordre trois. Il a été remarqué ensuite qu'en prenant plutôt une combinaison convexe optimale des trois quantités ci-dessus pour approcher $\partial_x \varphi^-$, on pouvait atteindre l'ordre 5 dans les régions où φ est régulière. On prend donc

$$(\partial_x \varphi^-)_i \approx \omega_1 \partial_x \varphi^1 + \omega_2 \partial_x \varphi^2 + \omega_3 \partial_x \varphi^3,$$

où $0 \leq \omega_k \leq 1$ sont des poids tels que $\omega_1 + \omega_2 + \omega_3 = 1$. Dans les régions où φ est régulière, le choix optimal est $\omega_1 = 0.1$, $\omega_2 = 0.6$ et $\omega_3 = 0.3$, mais ce choix peut s'avérer catastrophique lorsque φ est moins régulière. Dans ce cas un schéma ENO serait meilleur (i.e. un ω_k égal à 1 et les autres nuls). Finalement les travaux sur ces schémas conduisent à déterminer les poids ω_k grâce à des indicateurs de régularité de la solution numérique. On pose

$$S_1 = \frac{13}{12}(v_1 - 2v_2 + v_3)^2 + \frac{1}{4}(v_1 - 4v_2 + 3v_3)^2, \qquad (7.55)$$

$$S_2 = \frac{13}{12}(v_2 - 2v_3 + v_4)^2 + \frac{1}{4}(v_2 - v_4)^2, \qquad (7.56)$$

$$S_3 = \frac{13}{12}(v_3 - 2v_4 + v_5)^2 + \frac{1}{4}(3v_3 - 4v_4 + v_5)^2, \qquad (7.57)$$

puis on définit

$$\alpha_1 = \frac{0.1}{(S_1 + \varepsilon)^2}, \quad \alpha_2 = \frac{0.6}{(S_2 + \varepsilon)^2}, \quad \alpha_3 = \frac{0.3}{(S_3 + \varepsilon)^2},$$

où $\varepsilon > 0$ est petit (par exemple $\varepsilon = 10^{-6}\max\{v_k^2\} + 10^{-99}$), et enfin les poids

$$\omega_k = \frac{\alpha_k}{\alpha_1 + \alpha_2 + \alpha_3}, \quad k = 1, 2, 3.$$

Ces choix donnent les poids quasi-optimaux dans les régions où φ est régulière, et reproduisent un comportement de schéma ENO ailleurs. A titre d'exemple la figure 7.7 donne les résultats obtenus par plusieurs schémas pour la simulation de l'équation de transport monodimensionnelle d'une fonction protoype de fonction distance.

On a pris dans ces exemples 200 points de discrétisation en espace sur l'intervalle $[0, 10]$, c'est à dire que $\Delta x = 0.05$, une CFL de 0.2 et un temps final de $t = 5$ qui correspond au parcours de la moitié du domaine. Le choix de cette petite CFL s'explique par le fait qu'en pratique, le pas de temps n'est pas souvent imposé par l'équation de transport, mais plutôt par la diffusion, si on est en explicite, ou par le couplage fluide-structure qui dépend de la raideur de l'interface. Il est donc important que notre schéma de transport de l'interface ne soit pas trop diffusif à basse CFL. Le schéma temporel utilisé dans cet exemple est celui d'Euler pour tous les discrétisations spatiales, à l'exception de la discrétisation centrée qui est stabilisée par RK3. Le schéma WENO est clairement meilleur que tous les autres schémas, y compris les schémas sophistiqués de Fromm et Beam-Warming. On remarque en outre que les schémas (W)ENO, au même titre que le schéma amont sur lequel ils sont basés, sont les seuls à ne pas présenter de post ou pré-oscillations.

7.5 Quelques pistes pour aller plus loin

Nous listons dans cette section un certain nombre de problèmes qui nous ont semblé intéressants pour de futures recherches.

Les schémas semi-implicites que nous avons présentés pour stabiliser le couplage entre une membrane élastique et un fluide porteur sont limités pour l'heure au cas de la co-dimension 1 et pour des énergies qui ne dépendent

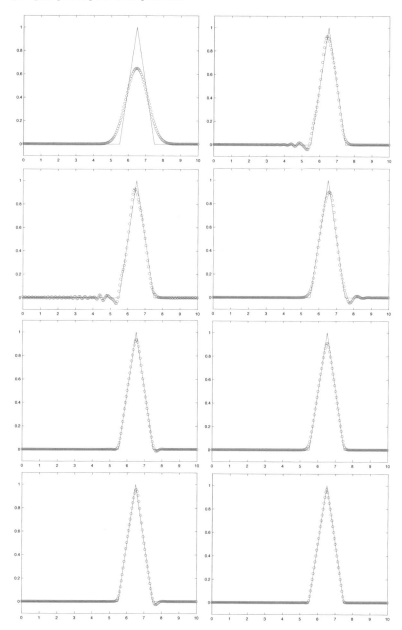

Fig. 7.7: Comparaison de différents schémas pour le transport d'un prototype de fonction distance. De gauche à droite et de haut en bas, nous comparons la solution exacte (en trait continu) avec la solution des schémas amont, Lax-Wendroff, RK3-centré, Beam-Warming, Fromm, ENO2, ENO3, WENO5 (avec les cercles).

que du changement d'aire. Leur extension aux membranes avec cisaillement et aux solides élastiques volumiques permettrait de stabiliser les schémas de couplages pour l'interaction fluide-structure générique. Les cas où on doit traiter des structures à forte raideur, comme celui du battement de la tige élastique montré dans la section 4.3.2, bénéficieraient clairement d'une telle extension.

Les effets de masse ajoutée dans les problèmes de couplage fluide-structure sous formulation ALE (Arbitraire Langrangienne Eulérienne) c'est à dire rappelons-le où le fluide est traité en coordonnées eulériennes et le solide en coordonnées lagrangiennes, sont connus dans leur formulation en couplage explicite pour être très sensibles aux effets de masse ajoutée [32]. Celui-ci s'exprime notamment lorsque la masse volumique de la structure immergée est proche de celle du fluide, ce qui est souvent le cas dans les applications en biomécanique, par exemple. Essentiellement il provient du découplage de l'inertie de la structure et du fluide dans l'explicitation du schéma numérique. Au prix de nombreux travaux [67, 64, 69] ce problème a pu être contourné tout en évitant une résolution complètement implicite. Remarquons que dans le cas du couplage complètement eulérien, la partie inertie est résolue simultanément pour le solide et le fluide, et ce même dans le cas d'un schéma complètement explicite. Les effets de masse ajoutée devraient donc être moins importants. Cependant nous ne connaissons pas de démonstration de cette intuition.

Un autre cas concerne les problèmes de déplacements d'interfaces sur les variétés, et les problèmes de couplage associés. Dans [101] le déplacement d'une courbe sur une surface fixe est considéré, afin de minimiser sa longueur. Plutôt que d'opter pour une représentation eulérienne générale des courbes dans l'espace introduite à la section 3.4, du fait que la surface porteuse est fixe, une représentation paramétrique de celle-ci est utilisée. Puis, la courbe est capturée dans l'espace des paramètres, et l'énergie exprimée grâce à cette représentation. Ainsi la dimension du problème résolu correspond à celle de la variété sur laquelle se déplace la courbe, et non de l'espace ambiant. Au delà de ce problème isopérimétrique sur une variété, l'étude d'énergies plus générales pour des problèmes d'écoulements surfaciques ou de couplages fluide-structure dans ce contexte n'a pas été menée à notre connaissance.

Au delà des interactions fluide-structure, on peut faire un lien entre des problèmes de type transport optimal et la mécanique eulérienne présentée dans ces pages. En effet, du point de vue théorie de la mesure la formule (3.9) traduit simplement le fait que la mesure $|\nabla\varphi_0|^{-1}(x)\delta_{\{\varphi_0=0\}}$ est le *push-forward* de $|\nabla\varphi|^{-1}(x,t)\delta_{\{\varphi=0\}}$ par $x \to Y(x,t)$. Ainsi on pourrait reformuler le problème de trouver la forme d'équilibre d'une membrane immergée, représentée par la Level Set φ, comme celui minimisant l'énergie élastique (3.12) parmi toutes les fonctions φ vérifiant $Y\#|\nabla\varphi|^{-1}\delta_{\{\varphi=0\}} = |\nabla\varphi_0|^{-1}\delta_{\{\varphi_0=0\}}$ pour un certain champ Y. A la suite de [22], cela peut se formuler comme l'état stationnaire du problème

$$\partial_t Y + (u \cdot \nabla) Y = 0, \qquad \varphi = \varphi^0(Y),$$

$$-\Delta u + \nabla p = \mathrm{div} \left(E'(|\nabla\varphi|)|\nabla\varphi| \frac{\nabla\varphi \otimes \nabla\varphi}{|\nabla\varphi|^2} \frac{1}{\varepsilon} \zeta \left(\frac{\varphi}{\varepsilon} \right) \right), \quad \mathrm{div}\, u = 0,$$

avec la condition initiale $Y(0,x) = x$ et une condition aux limites de Dirichlet homogène sur v.

Enfin, une classe plus générale de questions qui mériteraient d'être étudiées concerne la comparaison en terme de coût/performance des méthodes vues dans ce livre avec des méthodes de type ALE. Comme on l'a déjà dit, l'intérêt des méthodes Level Set, et plus généralement des méthodes de frontières immergées, est une prise en compte simple des conditions de continuité et la possibilité d'utiliser des solveurs rapides sur des grilles régulières. Le prix à payer est une prise en compte moins précise des interfaces par rapport à des méthodes dont les maillages s'appuient sur ces interfaces. Pour véritablement comparer les méthodes, il faut pouvoir évaluer, à qualité de résultats égaux ou comparables, le coût des calculs qui s'y rapportent, en prenant en compte éventuellement l'efficacité de la mise en oeuvre parallèle des différents algorithmes. Une première étape doit consister à choisir des cas test qui soient pertinents pour les deux classes de méthodes, et à définir une mesure de la qualité des résultats obtenus.

Crédits des figures reproduites avec permission

La figure 1.3 p.17 a été publiée dans Springer Science and Business Media, 153, S. Osher and R. Fedkiw, Level set methods and dynamic implicit surfaces, Copyright Springer (2006).

Les figures 1.5 p.24 et 1.6 p.26 a été publiée dans Mathematical models and methods in applied sciences, 16(03), G.-H. Cottet and E. Maitre, A level set method for fluid-structure interactions with immersed surfaces, 415–438, Copyright World Scientific Publishing (2006).

Les figures 3.9, 3.10, 3.11, 3.12 p.81-83 ont été publiées dans Journal of Computational Physics, 314, G.-H. Cottet and E. Maitre, A semi-implicit level set method for multiphase flows and fluid–structure interaction problems, 80-92, Copyright Elsevier (2016).

La figure 3.15 p.89 a été publiée dans Physica D : Nonlinear Phenomena, 241(13), E. Maitre, C. Misbah, P. Peyla, and A. Raoult, Comparison between advected-field and level-set methods in the study of vesicle dynamics, 1146–1157, Copyright Elsevier (2012).

Les figures 3.16 p.89 et 4.11 p.117 ont été publiées dans Mathematical and Computer Modelling, 49(11), E. Maitre, T. Milcent, G.-H. Cottet, A. Raoult, and Y. Usson, Applications of level set methods in computational biophysics, 2161–2169, Copyright Elsevier (2019).

Les figures 3.3, 3.4, 3.5, 3.6, 3.7, 3.8 p.73 et 3.18, 3.19, 3.20, 3.21, 3.22, 3.23, 3.24 p.92-95 ont été publiées dans Communications in Mathematical Sciences, 14(3), T. Milcent and E. Maitre, Eulerian model of immersed elastic surfaces with full membrane elasticity, 857–881, Copyright International Press of Boston, Inc (2016).

G.-H. Cottet et al., *Méthodes Level Set pour l'interaction fluide-structure*, Mathématiques et Applications 86, https://doi.org/10.1007/978-3-030-70075-1

Littérature

1. R. Abgrall. How to prevent pressure oscillations in multicomponent flow calculations : a quasi-conservative approach. *Journal of Computational Physics*, 125 :150–160, 1996.

2. R. Abgrall and S. Karni. Computations of compressible multifluids. *Journal of Computational Physics*, 169(2) :594–623, 2001.

3. F. Acker, R. d. R. Borges, and B. Costa. An improved weno-z scheme. *Journal of Computational Physics*, 313 :726–753, 2016.

4. G. Allaire, F. Jouve, and A.-M. Toader. Structural optimization using sensitivity analysis and a level-set method. *Journal of Computational Physics*, 194 :363 – 393, 2004.

5. P. Angot, C.-H. Bruneau, and P. Fabrie. A penalization method to take into account obstacles in incompressible viscous flows. *Numerische Mathematik*, 81(4) :497–520, 1999.

6. T.-D. Aslam. A partial differential equation approach to multidimensional extrapolation. *Journal of Computational Physics*, 193 :349–355, 2003.

7. S. Balachandar and J. K. Eaton. Turbulent dispersed multiphase flow. *Annual Review of Fluid Mechanics*, 42 :11–133, 2010.

8. J. T. Beale and J. Strain. Locally corrected semi-lagrangian methods for stokes flow with moving elastic interfaces. *Journal of Computational Physics*, 227(8) :3896 – 3920, 2008.

9. C. Bernier, M. Gazzola, R. Ronsse, and P. Chatelain. Simulations of propelling and energy harvesting articulated bodies via vortex particle-mesh methods. *Journal of Computational Physics*, 392 :34 – 55, 2019.

10. R. Bhardwaj and R. Mittal. Benchmarking a coupled immersed-boundary-finite-element solver for large-scale flow-induced deformation. *AIAA Journal, Technical notes*, 50, 2012.

11. T. Biben, K. Kassner, and C. Misbah. Phase-field approach to three-dimensional vesicle dynamics. *Physical Review E*, 72(4) :041921, 2005.

12. T. Biben and C. Misbah. An advected-field method for deformable entities under flow. *The European Physical Journal B-Condensed Matter and Complex Systems*, 29(2) :311–316, 2002.

13. T. Biben and C. Misbah. Tumbling of vesicles under shear flow within an advected-field approach. *Physical Review E*, 67(3) :031908, 2003.

G.-H. Cottet et al., *Méthodes Level Set pour l'interaction fluide-structure*, Mathématiques et Applications 86, https://doi.org/10.1007/978-3-030-70075-1

14. D. Boffi, L. Gastaldi, and L. Heltai. Stability results and algorithmic strategies for the finite element approach to the immersed boundary method. In *Numerical mathematics and advanced applications*, pages 575–582. Springer, 2006.

15. D. Boffi, L. Gastaldi, and L. Heltai. Numerical stability of the finite element immersed boundary method. *Mathematical Models and Methods in Applied Sciences*, 17(10) :1479–1505, 2007.

16. D. Boffi, L. Gastaldi, L. Heltai, and C. S. Peskin. On the hyper-elastic formulation of the immersed boundary method. *Computer Methods in Applied Mechanics and Engineering*, 197(25) :2210 – 2231, 2008.

17. J. A. Bogovic, J. L. Prince, and P.-L. Bazin. A multiple object geometric deformable model for image segmentation. *Computer Vision and Image Understanding*, 117(2) :145–157, 2013.

18. L. Boilevin-Kayl, M. A. Fernández, and J.-F. Gerbeau. A loosely coupled scheme for fictitious domain approximations of fluid-structure interaction problems with immersed thin-walled structures. *SIAM Journal on Scientific Computing*, 41(2) :B351–B374, 2019.

19. C. Bost, G.-H. Cottet, and E. Maitre. Linear stability analysis of a Level Set model of immersed elastic membrane. Unpublished. *Preprint HAL http://hal. archives-ouvertes. fr/hal-00388528/PDF/stability. pdf*, 2009.

20. C. Bost, G.-H. Cottet, and E. Maitre. Convergence analysis of a penalization method for the three-dimensional motion of a rigid body in an incompressible viscous fluid. *SIAM Journal on Numerical Analysis*, 48(4) :1313–1337, 2010.

21. J. Brackbill, D. B. Kothe, and C. Zemach. A continuum method for modeling surface tension. *Journal of computational physics*, 100(2) :335–354, 1992.

22. Y. Brenier. Optimal transport, convection, magnetic relaxation and generalized boussinesq equations. *Journal of nonlinear science*, 19(5) :547–570, 2009.

23. D. Bresch, T. Colin, E. Grenier, B. Ribba, and O. Saut. Computational modeling of solid tumor growth : the avascular stage. *SIAM Journal on Scientific Computing*, 32(4) :2321–2344, 2010.

24. P. Burchard, L.-T. Cheng, B. Merriman, and S. Osher. Motion of curves in three spatial dimensions using a level set approach. *Journal of Computational Physics*, 170(2) :720–741, 2001.

25. L. Caffarelli, R. Kohn, and L. Nirenberg. Partial regularity of suitable weak solutions of the navier-stokes equations. *Communications on pure and applied mathematics*, 35(6) :771–831, 1982.

26. J.-P. Caltagirone. Sur l'interaction fluide-milieu poreux ; application au calcul des efforts exercés sur un obstacle par un fluide visqueux. *Comptes rendus de l'Académie des sciences. Série II, Mécanique, physique, chimie, astronomie*, 318(5) :571–577, 1994.

27. M.-P. Cani and M. Debrun. Animation of deformable objects using implicit surfaces. *IEEE Trans. Visualization Comput. Graphics*, 3(1) :39–50, 1997.

28. H. Cartan. *Cours de calcul différentiel*. Hermann, 1977.

29. M. Castro, B. Costa, and W. S. Don. High order weighted essentially non-oscillatory WENO-Z schemes for hyperbolic conservation laws. *Journal of Computational Physics*, 230(5) :1766–1792, 2011.

30. Y. Chang, T. Hou, B. Merriman, and S. Osher. A level set formulation of eulerian interface capturing methods for incompressible fluid flows. *Journal of Computational Physics*, 124 :449–464, 1996.

31. L.-T. Cheng and Y.-H. Tsai. Redistancing by flow of time dependent eikonal equation. *Journal of Computational Physics*, 227(8) :4002–4017, 2008.

32. C. Conca, A. Osses, and J. Planchard. Added mass and damping in fluid-structure interaction. *Computer methods in applied mechanics and engineering*, 146(3) :387–405, 1997.

33. M. Coquerelle. *Calcul d'interaction fluide-structure par méthode vortex et application à la synthèse d'images*. Thèse de doctorat, Université Grenoble Alpes, 2008.

34. M. Coquerelle and G.-H. Cottet. A vortex level set method for the two–way coupling of an incompressible fluid with colliding rigid bodies. *Journal of Computational Physics*, 227(21) :9121–9137, 2008.

35. G.-H. Cottet and E. Maitre. A level-set formulation of immersed boundary methods for fluid–structure interaction problems. *C.R. Mathématique*, 338(7) :581–586, 2004.

36. G.-H. Cottet and E. Maitre. A level set method for fluid-structure interactions with immersed surfaces. *Mathematical models and methods in applied sciences*, 16(03) :415–438, 2006.

37. G.-H. Cottet and E. Maitre. A semi-implicit level set method for multiphase flows and fluid–structure interaction problems. *Journal of Computational Physics*, 314 :80–92, 2016.

38. G.-H. Cottet, E. Maitre, and T. Milcent. Eulerian formulation and level set models for incompressible fluid-structure interaction. *ESAIM : Mathematical Modelling and Numerical Analysis*, 42(3) :471–492, May 2008.

39. S. Dance and M. Maxey. Incorporation of lubrication effects into the force-coupling method for particulate two-phase flow. *Journal of Comp. Physics*, 189(1) :212–238, 2003.

40. C. Dapogny, C. Dobrzynski, and P. Frey. Three-dimensional adaptive domain remeshing, implicit domain meshing, and applications to free and moving boundary problems. *Journal of Computational Physics*, 252 :358–378, 2014.

41. C. Dapogny and P. Frey. Computation of the signed distance function to a discrete contour on adapted triangulation. *Calcolo*, 49(3) :193–219, 2012.

42. A. de Brauer. *Simulation de modèles multi-matériaux sur maillage cartésien*. Thèse de doctorat, Université de Bordeaux, 2015.

43. A. de Brauer, A. Iollo, and T. Milcent. A cartesian scheme for compressible multimaterial models in 3d. *Journal of Computational Physics*, 313 :121–143, 2016.

44. A. de Brauer, A. Iollo, and T. Milcent. Enhanced particle method with stress point integration for simulation of incompressible fluid-nonlinear elastic structure interaction. *Communications in Computational Physics*, 22(5) :1362–1384, 2017.

45. J. Deborde. *Modélisation et simulation de l'interaction fluide-structure élastique : application à l'atténuation des vagues*. Thèse de doctorat, Université de Bordeaux, 2017.

46. J. Deborde, T. Milcent, P. Lubin, and S. Glockner. Numerical simulations of the interaction of solitary waves and elastic structures with a fully eulerian method. *Water Waves*, 2(2) :433–466, 2020.

47. M. C. Delfour and J.-P. Zolésio. *Shapes and geometries : metrics, analysis, differential calculus, and optimization*. Society for Industrial and Applied Mathematics, 2001.

48. J.-P. Demailly. *Analyse numérique et équations différentielles*. EDP Sciences, 2016.

49. M. Demazure. *Catastrophes et bifurcations*. Ellipses Paris, 1989.

50. F. Denner and B. G. van Wachem. Numerical time-step restrictions as a result of capillary waves. *Journal of Computational Physics*, 285 :24–40, 2015.

51. J. Dijkstra and R. Uittenbogaard. Modeling the interaction between flow and highly flexible aquatic vegetation. *Water Resources Research*, 46(12), 2010.

52. R. J. DiPerna and P.-L. Lions. Ordinary differential equations, transport theory and sobolev spaces. *Inventiones Mathematicae*, 98(3) :511–547, 1989.

53. J. Donea, S. Giuliani, and J. Halleux. An arbitrary lagrangian-eulerian finite element method for transient dynamic fluid-structure interactions. *Computer methods in applied mechanics and engineering*, 33(1) :689–723, 1982.

54. V. Doyeux. *Modélisation et simulation de systèmes multi-fluides. Application aux écoulements sanguins*. Thèse de doctorat, Université Grenoble Alpes, 2014.

55. B. Engquist, A.-K. Tornberg, and R. Tsai. Discretization of Dirac delta functions in level set methods. *Journal of Computational Physics*, 207(1) :28–51, 2005.

56. D. Enright, R. Fedkiw, J. Ferziger, and I. Mitchell. A hybrid particle level set method for improved interface capturing. *Journal of Computational physics*, 183(1) :83–116, 2002.

57. S. Esedoglu, S. Ruuth, R. Tsai, et al. Diffusion generated motion using signed distance functions. *Journal of Computational Physics*, 229(4) :1017–1042, 2010.

58. L. C. Evans and R. F. Gariepy. Measure theory and fine properties of functions. *CRC Press*, 1992.

59. L. C. Evans and J. Spruck. Motion of level sets by mean curvature. II. *Transactions of the american mathematical society*, 330(1) :321–332, 1992.

60. C. Farhat, A. Rallu, and S. Shankaran. A higher-order generalized ghost fluid method for the poor for the three-dimensional two-phase flow computation of underwater implosions. *Journal of Computational Physics*, 227(16) :7674–7700, 2008.

61. N. Favrie, S. Gavrilyuk, and S. Ndanou. A thermodynamically compatible splitting procedure in hyperelasticity. *Journal of Computational Physics*, 270(C) :300–324, 2014.

62. N. Favrie, S. Gavrilyuk, and R. Saurel. Solid-fluid diffuse interface model in cases of extreme deformations. *Journal of Computational Physics*, 228(16) :6037–6077, 2009.

63. N. Favrie and S. L. Gavrilyuk. Diffuse interface model for compressible fluid – Compressible elastic-plastic solid interaction. *Journal of Computational Physics*, 231(7) :2695–2723, 2012.

64. M. Fernández, J.-F. Gerbeau, and C. Grandmont. A projection semi-implicit scheme for the coupling of an elastic structure with an incompressible fluid. *International Journal for Numerical Methods in Engineering*, 69(4) :794–821, 2007.

65. M. A. Fernández. Coupling schemes for incompressible fluid-structure interaction : implicit, semi-implicit and explicit. *SeMA Journal*, 55(1) :59–108, 2011.

66. M. A. Fernández. Incremental displacement-correction schemes for incompressible fluid-structure interaction. *Numerische Mathematik*, 123(1) :21–65, 2013.

67. M. A. Fernández, J.-F. Gerbeau, and C. Grandmont. A projection algorithm for fluid–structure interaction problems with strong added-mass effect. *Comptes Rendus Mathematique*, 342(4) :279–284, 2006.

68. M. A. Fernández and J. Mullaert. Convergence and error analysis for a class of splitting schemes in incompressible fluid–structure interaction. *IMA Journal of Numerical Analysis*, 36(4) :1748–1782, 2015.

69. M. A. Fernández, J. Mullaert, and M. Vidrascu. Explicit robin–neumann schemes for the coupling of incompressible fluids with thin-walled structures. *Computer Methods in Applied Mechanics and Engineering*, 267 :566–593, 2013.

70. M. A. Fernández, J. Mullaert, and M. Vidrascu. Generalized robin–neumann explicit coupling schemes for incompressible fluid-structure interaction : Stability analysis and numerics. *International Journal for Numerical Methods in Engineering*, 101(3) :199–229, 2015.

71. C. Galusinski and P. Vigneaux. On stability condition for bifluid flows with surface tension : Application to microfluidics. *Journal of Computational Physics*, 227(12) :6140–6164, 2008.

72. S. Gavrilyuk, N. Favrie, and R. Saurel. Modelling wave dynamics of compressible elastic materials. *Journal of Computational Physics*, 227(5) :2941–2969, 2008.

73. M. Gazzola, P. Chatelain, W. M. Van Rees, and P. Koumoutsakos. Simulations of single and multiple swimmers with non-divergence free deforming geometries. *Journal of Computational Physics*, 230(19) :7093–7114, 2011.

74. D. Gilbarg and N. S. Trudinger. *Elliptic partial differential equations of second order*. springer, 2015.

75. R. Glowinski, T. Pan, T. Hesla, D. Joseph, and J. Periaux. A fictitious domain approach to the direct numerical simulation of incompressible viscous flow past moving rigid bodies : application to particulate flow. *Journal of Computational Physics*, 169(2) :363–426, 2001.

76. R. Glowinski, T.-W. Pan, T. I. Hesla, and D. D. Joseph. A distributed lagrange multiplier/fictitious domain method for particulate flows. *International Journal of Multiphase Flow*, 25(5) :755–794, 1999.

77. S. Godunov. *Elements of continuum mechanics*. Nauka Moscow, 1978.

78. J. Gomes and O. Faugeras. Reconciling distance functions and level sets. *Journal of Visual Communication and Image Representation*, 11(2) :209–223, 2000.

79. Y. Gorsse, A. Iollo, T. Milcent, and H. Telib. A simple cartesian scheme for compressible multimaterials. *Journal of Computational Physics*, 272 :772–798, 2014.

80. C. Grandmont and Y. Maday. Fluid-structure interaction : a theoretical point of view. *Revue européenne des éléments finis*, 9(6-7) :633–653, 2000.

81. A. Gravouil, N. Möes, and T. Belytschko. Non-planar 3D crack growth by the extended finite element and level sets - part II : level set update. *International Journal for Numerical Methods in Engineering*, 53 :2569–2586, 2002.

82. B. E. Griffith and N. A. Patankar. Immersed methods for fluid – structure interaction. *Annual Review of Fluid Mechanics*, 52(1) :421–448, 2020.

83. B. E. Griffith and C. S. Peskin. On the order of accuracy of the immersed boundary method : Higher order convergence rates for sufficiently smooth problems. *Journal of Computational Physics*, 208(1) :75–105, 2005.

84. A. Harten, B. Engquist, S. Osher, and S. Chakravarthy. Uniformly high order essentially non-oscillatory schemes, iii. *Journal of Computational Physics*, 71(1) :231–303, 1987.

85. F. Hecht. New development in freefem++. *J. Numer. Math.*, 20(3-4) :251–265, 2012.

86. G. Holzapfel. *Nonlinear Solid Mechanics. A continuum approach for engineering*. J. Wiley and Sons, 2000.

87. H. H. Hu. Direct simulation of flows of solid-liquid mixtures. *International Journal of Multiphase Flow*, 22(2) :335–352, 1996.

88. J. Janela, A. Lefebvre, and B. Maury. A penalty method for the simulation of fluid-rigid body interaction. In *ESAIM : Proceedings*, volume 14, pages 115–123. EDP Sciences, 2005.

89. M. Jedouaa. *Interface capturing methods for interacting immersed objects*. Thèse de doctorat, Université Grenoble Alpes, 2017.

90. M. Jedouaa, C.-H. Bruneau, and E. Maitre. An efficient interface capturing method for a large collection of interacting bodies immersed in a fluid. *Journal of Computational Physics*, 378 :143–177, 2019.

91. G. Jiang and C. Shu. Efficient implementation of Weighted ENO schemes. *Journal of Computational Physics*, 126(1) :202–228, 1996.

92. S. Kern and P. Koumoutsakos. Simulations of optimized anguilliform swimming. *Journal of Experimental Biology*, 209(24) :4841–4857, 2006.

93. W. Kim and H. Choi. Immersed boundary methods for fluid-structure interaction : A review. *International Journal of Heat and Fluid Flow*, 2019.

94. R. Kimmel and J. A. Sethian. Computing geodesic paths on manifolds. *Proceedings of the national academy of Sciences*, 95(15) :8431–8435, 1998.

95. D. J. Korteweg. Sur la forme que prennent les équations du mouvements des fluides si l'on tient compte des forces capillaires causées par des variations de densité considérables mais connues et sur la théorie de la capillarité dans l'hypothèse d'une variation continue de la densité. *Archives Néerlandaises des Sciences exactes et naturelles*, 6 :1–24, 1901.

96. L. Lee and R. J. LeVeque. An immersed interface method for incompressible navier–stokes equations. *SIAM Journal on Scientific Computing*, 25(3) :832–856, 2003.

97. R. J. Leveque and Z. Li. The immersed interface method for elliptic equations with discontinuous coefficients and singular sources. *SIAM Journal on Numerical Analysis*, 31(4) :1019–1044, 1994.

98. P. Lubin and H. Lemonnier. Propagation of solitary waves in constant depths over horizontal beds. *Multiphase Science and Technology*, 16(1-3) :237–248, 2004.

99. E. Maitre, T. Milcent, G.-H. Cottet, A. Raoult, and Y. Usson. Applications of level set methods in computational biophysics. *Mathematical and Computer Modelling*, 49(11) :2161–2169, 2009.

100. E. Maitre, C. Misbah, P. Peyla, and A. Raoult. Comparison between advected-field and level-set methods in the study of vesicle dynamics. *Physica D : Nonlinear Phenomena*, 241(13) :1146–1157, 2012.

101. E. Maitre and F. Santosa. Level set methods for optimization problems involving geometry and constraints ii. optimization over a fixed surface. *Journal of Computational Physics*, 227(22) :9596–9611, 2008.

102. B. Maury. A many-body lubrication model. *Comptes Rendus de l'Académie des Sciences-Series I-Mathematics*, 325(9) :1053–1058, 1997.

103. B. Maury. Direct simulations of 2D fluid-particle flows in biperiodic domains. *Journal of Computational Physics*, 156 :325–351, 1999.

104. B. Merriman, J. K. Bence, and S. J. Osher. Motion of multiple junctions : A level set approach. *Journal of Computational Physics*, 112(2) :334–363, 1994.

105. T. Metivet, V. Chabannes, M. Ismail, and C. Prud'homme. High-order finite-element framework for the efficient simulation of multifluid flows. *Mathematics*, 6(10) :203, 2018.

106. T. Milcent. *Une approche eulérienne du couplage fluide-structure, analyse mathématique et applications en biomécanique*. Thèse de doctorat, Université Grenoble Alpes, 2009.

107. T. Milcent and E. Maitre. Eulerian model of immersed elastic surfaces with full membrane elasticity. *Communications in Mathematical Sciences*, 14(3) :857–881, 2016.

108. G. Miller and P. Colella. A conservative three-dimensional eulerian method for coupled solid-fluid shock capturing. *Journal of Computational Physics*, 183(1) :26–82, 2002.

109. C. Min. On reinitializing level set functions. *Journal of computational physics*, 229(8) :2764–2772, 2010.

110. R. W. Ogden. Nonlinear elasticity, anisotropy, material stability and residual stresses in soft tissue. In *Biomechanics of soft tissue in cardiovascular systems*, pages 65–108. Springer, 2003.

111. S. Osher and R. Fedkiw. *Level set methods and dynamic implicit surfaces*, volume 153. Springer Science & Business Media, 2006.

112. A.-E. Paquier, S. Meulé, E. J. Anthony, P. Larroudé, and G. Bernard. Wind-induced hydrodynamic interactions with aquatic vegetation in a fetch-limited setting : Implications for coastal sedimentation and protection. *Estuaries and coasts*, 42(3) :688–707, 2019.

113. C. S. Peskin. Numerical analysis of blood flow in the heart. *Journal of Computational Physics*, 25(3) :220 – 252, 1977.

114. C. S. Peskin. The immersed boundary method. *Acta numerica*, 11 :479–517, 2002.

115. C. S. Peskin and B. F. Printz. Improved volume conservation in the computation of flows with immersed elastic boundaries. *Journal of computational physics*, 105(1) :33–46, 1993.

116. S. Popinet. Numerical models of surface tension. *Annual Review of Fluid Mechanics*, 50 :49–75, 2018.

117. J. Qian, Y.-T. Zhang, and H.-K. Zhao. Fast sweeping methods for eikonal equations on triangular meshes. *SIAM Journal on Numerical Analysis*, 45(1) :83–107, 2007.

118. T. Richter. A fully eulerian formulation for fluid-structure-interaction problems. *Journal of Computational Physics*, 233 :227–240, 2013.

119. T. Richter. *Fluid-structure interactions : models, analysis and finite elements*, volume 118. Springer, 2017.

120. R. Ruiz-Baier, A. Gizzi, S. Rossi, C. Cherubini, A. Laadhari, S. Filippi, and A. Quarteroni. Mathematical modelling of active contraction in isolated cardiomyocytes. *Mathematical Medicine And Biology-A Journal Of The Ima*, 31(3) :259–283, 2014.

121. G. Russo and P. Smereka. A remark on computing distance functions. *Journal of Computational Physics*, 163(1) :51–67, 2000.

122. A. Sengers. *Schémas semi-implicites et de diffusion-redistanciation pour la dynamique des globules rouges*. Thèse de doctorat, Université Grenoble Alpes, 2019.

123. J. A. Sethian. A fast marching level set method for monotonically advancing fronts. *Proceedings of the National Academy of Sciences*, 93(4) :1591–1595, 1996.

124. J. A. Sethian. Fast marching methods. *SIAM review*, 41(2) :199–235, 1999.

125. J. A. Sethian. *Level set methods and fast marching methods : evolving interfaces in computational geometry, fluid mechanics, computer vision, and materials science*, volume 3. Cambridge university press, 1999.

126. N. Sharma and N.-A. Patankar. A fast computation technique for the direct numerical simulation of rigid particulate flows. *Journal of Computational Physics*, 205(2) :439–457, 2005.

127. Y. Shen and G. Zha. Improvement of the WENO scheme smoothness estimator. *International Journal for Numerical Methods in Fluids*, 64(6) :653–675, 2010.

128. D. Shiels, A. Leonard, and A. Roshko. Flow-induced vibration of a circular cylinder at limiting structural parameters. *Journal of Fluids and Structures*, 15(1) :3–21, 2001.

129. C.-W. Shu. High order ENO and WENO schemes for computational fluid dynamics. In *High-order methods for computational physics*, pages 439–582. Springer, 1999.

130. P. Smereka. The numerical approximation of a delta function with application to level set methods. *Journal of Computational Physics*, 211(1) :77–90, 2006.

131. V. A. Solonnikov. Estimates for solutions of nonstationary navier-stokes equations. *Journal of Mathematical Sciences*, 8(4) :467–529, 1977.

132. J. M. Stockie and B. R. Wetton. Analysis of stiffness in the immersed boundary method and implications for time-stepping schemes. *Journal of Computational Physics*, 154(1) :41–64, 1999.

133. J. M. Stockie and B. T. Wetton. Stability analysis for the immersed fiber problem. *SIAM Journal on Applied Mathematics*, 55(6) :1577–1591, 1995.

134. K. Sugiyama, S. Li, S. Takeuchi, S. Takagi, and Y. Matsumoto. A full eulerian finite difference approach for solving fluid-structure coupling problems. *Journal of Computational Physics*, 230 :596–627, 2011.

135. M. Sussman and E. Fatemi. An efficient, interface-preserving level set redistancing algorithm and its application to interfacial incompressible fluid flow. *SIAM Journal on scientific computing*, 20(4) :1165–1191, 1999.

136. M. Sussman, P. Smereka, and S. Osher. A level set approach for computing solutions to incompressible two-phase flow. *Journal of Computational physics*, 114(1) :146–159, 1994.

137. M. Sy, D. Bresch, F. Guillén-González, J. Lemoine, and M. A. Rodríguez-Bellido. Local strong solution for the incompressible korteweg model. *Comptes rendus Mathématique*, 342(3) :169–174, 2006.

138. E. Toro, M. Spruce, and W. Speares. Restoration of the contact surface in the HLL-Riemann solver. *Shock Waves*, 4 :25–34, 1994.

139. S. Turek and J. Hron. Proposal for numerical benchmarking of fluid-structure interaction between an elastic object and laminar incompressible flow. *Lecture notes in computational science and engineering, Springer Verlag*, 2006.

140. B. Valkov, C.-H. Rycroft, and K. Kamrin. Eulerian method for multiphase interactions of soft solid bodies in fluids. *Journal of Applied Mechanics*, 82(4) :041011, 2015.

141. B. Vowinckel, J. Withers, P. Luzzatto-Fegiz, and E. Meiburg. Settling of cohesive sediment : particle-resolved simulations. *Journal of Flui Mechanics*, 858 :5–44, 2010.

142. J. Walter, A.-V. Salsac, D. Barthès-Biesel, and P. Le Tallec. Coupling of finite element and boundary integral methods for a capsule in a stokes flow. *International journal for numerical methods in engineering*, 83(7) :829–850, 2010.

143. M. Y. Wang and X. Wang. "Color" level sets : a multi-phase method for structural topology optimization with multiple materials. *Computer Methods in Applied Mechanics and Engineering*, 193(6) :469–496, 2004.

144. H. Zhao. A fast sweeping method for eikonal equations. *Mathematics of computation*, 74(250) :603–627, 2005.

145. H. Zhao, J. B. Freund, and R. D. Moser. A fixed-mesh method for incompressible flow-structure systems with finite solid deformations. *Journal of Computational Physics*, 227 :3114–3140, 2008.

146. H.-K. Zhao, T. Chan, B. Merriman, and S. Osher. A variational level set approach to multiphase motion. *Journal of computational physics*, 127(1) :179–195, 1996.

Printed in the United States
by Baker & Taylor Publisher Services